Franz Eigl

40 Jahre auf der Schiene

... und jede Fahrt war anders

EISENBAHN KURIER
VORBILD UND MODELL

EK-Verlag

Titelbild: Zu seinem Leben als Lokomotivführer gehörte nicht nur der planmäßige Betriebsalltag, Franz Eigl war auch oftmals auf Messzugfahrten mit den Dampflokomotiven der LVA München und Minden unterwegs, so auch im November 1966. Von einer Messfahrt aus Emden in Münster Hbf angekommen, rückt 45 023 nun in das dortige Bw ein. Aufnahme: Ludwig Rotthowe

Bild unten: EK-Autor Franz Eigl (rechts) und Werner Streil – früher Oberwerkmeister der Ellok-Abteilung des Bw München Hbf – besuchten im Sommer 1999 den EK-Verlag in Freiburg. Aufnahme: Manfred Traube

Rücktitel: München Hbf 1958. Über das gewaltige Gleisfeld hinweg geht der Blick in Richtung Westen. Eine Lokomotive der Baureihe 78 kommt soeben vom Bahnbetriebswerk und wird einen der zahlreichen, von München Hbf ausgehenden Züge bespannen. Während rechts unten eine zweite Lok dieser Baureihe mit dem Rangieren von Wagen beschäftigt ist, hat sich daneben eine E 18 vor einen Schnellzug gesetzt. Aber auch zwei neue Rangier-Dieselloks der Baureihe V 60 (links über dem Stellwerk und am rechten Bildrand) haben hier bereits ein breites Betätigungsfeld im Verschub mit Wagen der verschiedensten Gattungen gefunden. Die Quertragwerke der Oberleitung stammen übrigens noch aus den Tagen der Deutschen Reichsbahn. Aufnahme: Sammlung Dr. Brian Rampp

Weitere Geschichten von Franz Eigl

Seit 1992 hat Franz Eigl viele Geschichten aus seinem Eisenbahnerleben für den Eisenbahn-Kurier verfasst; hier eine Auswahl:

- Als Lokführer im Messfahrbetrieb auf der Baureihe 45 im EK-Baureihenbuch: Die Baureihe 45 – Goliath der deutschen Dampflokomotiven.
- Die 420 sind da! Probebetrieb mit den neuen S-Bahn-Triebwagen in München. In: Die DB vor 25 Jahren: 1969, EK-Special 35.
- Eine außergewöhnliche Dienstschicht – Erlebnisse mit der GtL 4/4 98 823. In: Die DB vor 25 Jahren: 1970, EK-Special 39.
- Letzter Dienst auf einer E 32: Festpunkte ziehen mit E 32 101. In: Die DB vor 25 Jahren: 1971, EK-Special 43.
- Mit 003 131 nach München oder: Wie die DB sich selbst behinderte. In: Die DB vor 25 Jahren: 1972, EK-Special 47.
- 1973 – Ein autofreier Sonntag in München – Chaos auf allen S-Bahn-Linien. In: Die DB vor 25 Jahren: 1973, EK-Special 51.
- Wie war sie eigentlich, die Altbaulok? In: Deutsche Altbauellok, 1. Teil, EK-Special 28.
- Meine Begegnung mit E 62 01 und Dienst auf E 60 07 im Hbf München. In: Deutsche Altbauellok, 2. Teil, EK-Special 32.
- Überführungsfahrt von Füssen nach München. In: Deutsche Altbauellok, 2. Teil, EK-Special 32.
- Eine besondere Fuhre – E 75 mit Überlast. In: Deutsche Altbauellok, 2. Teil, EK-Special 32.
- Bremsendienst und E 80. In: Deutsche Altbauellok, 2. Teil, EK-Special 32.
- Erinnerungen an die Münchner E 91. In: Deutsche Altbauellok, 3. Teil, EK-Special 37.
- Italienexpress nach Stuttgart mit E 94. In: Deutsche Altbauellok, 3. Teil, EK-Special 37.

ISBN 3-88255-821-0

EK-Verlag GmbH – Postfach 500111 – 79027 Freiburg

www.eisenbahn-kurier.de

Bearbeitung: Manfred Traube/Gerhard Greß
Gestaltung: Gerhard Greß

INHALTSVERZEICHNIS

Nach der Mitfahrt auf dem Führerstand einer E 18 vom Prellbock bis zum Ausfahrsignal im Münchner Hauptbahnhof im Sommer 1941 steht für den kleinen Franz Eigl endgültig und unwiderruflich fest: Ich werde Lokomotivführer! Aufnahme: Hans Schmidt

Die Vorstellung

Damals, als die großen Dampflokomotiven noch überall ihre Züge durch die Landschaft schleppten, sich vor Güterzügen zumeist im Radfahrertempo über die Bergstrecken hinauf quälten, aber auch vor Luxuszügen wie dem legendären Rheingold-Express oder dem noch berühmteren Orient-Express über die Gleise brausten, mit Geschwindigkeiten, von denen der einfache Normalbürger nur träumen konnte, kam ich auf diese „buckelige" Welt. Aber auch elektrische Lokomotiven, die schon eine Leistung von über 4.400 PS aufweisen konnten, gab es damals bereits auf deutschen Schienen. Ich meine das Jahr 1936.

Ich wurde in München geboren. Meine Eltern besaßen eine Wohnung in einem Mietshausblock mit Blick zur Bahnstrecke nach Lenggries, Tegernsee und Bayrischzell.

Bis zur Schicksalsnacht vom 2./3. Oktober 1943, als unsere Wohnung durch eine Bombe zerstört wurde, konnte ich tagtäglich Dampfzüge unmittelbar an unserer Spielwiese beobachten. Schon

Durch den Bombenkrieg lernt der junge Franz im Winter 1943/44 in Niederbayern die bayerischen Pt 2/3 (Baureihe 70) kennen, Loks, denen man „eine Achse gestohlen" hatte. So wie auf diesem Bild bei Rohrdorf sahen damals die Züge aus, die mit den Lokomotiven dieser Baureihe über die bayerischen Nebenbahnen dampften. Aufnahme: Willy Pragher, Sammlung GG

lange stand für mich fest: Ich werde Lokomotivführer! Meine Eltern machten mich damals schon darauf aufmerksam, dass der Weg zu meinem Ziel mit harten Heizerdiensten gepflastert sein würde. Auch, dass Züge nachts verkehren, also dann, wenn alle anderen schlafen, sowie an Sonn- und Feiertagen, wenn die anderen frei haben, wurde mir klargemacht. Aber es half nichts – ich wollte in jedem Fall Lokomotivführer werden! Ganz besonders ab dem Tag, an dem mich ein in unserer Nähe wohnender Lokführer im Münchner Hauptbahnhof auf eine E 18 (!) steigen ließ und mich vom Prellbock in der großen Halle bis zum Ausfahrsignal mitfahren ließ. An diesem Tag im Sommer 1941 begann mein Herz für die E 18 zu schlagen – bis zum heutigen Tag.

Als wir im Oktober 1943 unsere Wohnung verloren, lebten wir einige Tage bei meiner Großmutter in München-Schwabing. Wenige Tage später konnten wir bei Bekannten in der Nähe von Vilshofen unterkommen. Dort sah ich zum ersten Mal die kleinen Loks der Baureihe 70. Sie fuhren die Züge auf den kleinen Stichstrecken nach Aidenbach und Ortenburg (damals Kursbuchstrecken 456 a und 456 b), meist kurze Züglein mit einigen Lokalbahnwägelchen, die beinahe breiter als lang waren. Dahinter liefen Güterwagen, meist für Milch- und Viehtransporte. Als ich eine solche Lok zum ersten Mal sah, war ich sehr erschrocken. „Auch hier fallen also Bomben – der Lokomotive fehlt ja eine Achse!“ schoss es mir beim Anblick ihres ungewöhnlichen Achsstandes 1' B mit dem langen Abstand zwischen der Laufachse und der ersten Kuppelachse durch den Kopf.

Doch auch aus dieser Gegend mussten wir bald wieder weg, um unsere Wohnräume für ausgebombte Leute aus Hamburg freizumachen. Menschen aus München Süd ohne eigene Wohnung wurden nun offiziell in die Mühldorfer Gegend evakuiert. Wieder gab es zu meiner Freude viele Fahrten mit der Eisenbahn. Dabei erkannte ich mehr und mehr, dass die kleinen 70er ganz flotte Lokomotiven waren, die nur öfter Wasser benötigten als andere. Gerade in Niederbayern waren sie damals sehr oft zu sehen.

Diese Umzugsfahrten, bei denen wir selbst transportierten, was uns übriggeblieben war, bedeuteten natürlich für meine Mutter und mich eine elende Schinderei. Mein Vater arbeitete damals in Augsburg und konnte uns nur selten besuchen, meine Schwester befand sich in einem Internat in Altötting. Ich lernte damals – 1944 – das Fahrplan- und Landkartenlesen und wußte zudem bald genau, wo man mit einem Leiterwagen in Vilshofen, Plattling und Mühldorf verbotenerweise die Gleise überqueren konnte!

Ende 1944 – meine Mutter war inzwischen sehr krank geworden – „organisierte“ eine meiner Tanten die Eigl-Familie. Sie traute sich zu sagen: „Der Krieg ist verloren – das Chaos beginnt!“ Sie holte mich und meine Mutter zu sich ins Isartal. Schon wieder gab es viele Zugfahrten aus der Mühldorfer Gegend, nun nach Ebenhausen-Schäftlarn. Logischerweise mit viel Gepäck auf unserem stabilen Leiterwagen. Irgendwann im Januar 1945 holte diese Tante auch meine Schwester aus dem Internat zu uns – sie wurde einfach „entführt“! Eines Tages, im März 1945, war schließlich auch mein Vater „für immer“ bei uns – aus dem zerbombten Augsburg desertiert. Lebensgefährlich für alle, die es wussten!

Bei den Luftangriffen auf München wurde auch der Hauptbahnhof schwer beschädigt. Die nur noch aus dem Stahlgerippe bestehende Bahnsteighalle wurde nach Kriegsende abgetragen und 1960 durch eine neue ersetzt.
Aufnahme: Sammlung Dr. Brian Rampp

Ein Problem, das man sich heute nicht mehr vorstellen kann, stand in dieser Zeit auf der Tagesordnung: Lebensmittelmarken! Meine Mutter und ich holten uns diese aus der Mühldorfer Gegend. Meine Schwester und mein Vater bekamen natürlich keine, denn sie wohnten ja illegal bei meiner Tante. So gab es für meine Mutter und mich wegen dieser Lebensmittelmarken bis Kriegsende alle zwei Wochen weiterhin „Tagesausflüge“ nach Mühldorf, und wir mussten dort auch einkaufen.

Diese vielen Fahrten 1944/45 brachten für mich natürlich viel Kontakt mit Zügen und vor allem mit Lokomotiven. Bevor ich die jeweilige Lok nicht gesehen hatte, stieg ich nicht in den Zug – nervenaufreibend für meine Mutter, denn sie wollte immer im letzten Wagen des Zuges sein, weil „auf Loks eher Bomben geworfen werden als auf Wagen“. Jedenfalls war das ihre unerschütterliche Meinung. Einmal wurde sogar tatsächlich ein Zug, in dem wir

Die ehemaligen, bereits 1899 von der Lokalbahn Actiengesellschaft München (LAG) in Betrieb gestellten Triebwagen der Baureihe ET 183 pendelten von München-Isartalbahnhof nach Höllkriegelsreuth. Die Aufnahme des ET 183 04 entstand am 20. Juni 1957 in Bad Aibling. Aufnahme: EK-Archiv

mitfuhren, in einem Waldstück angehalten, weil ein Fliegerangriff befürchtet wurde. Alle Fahrgäste mussten sich mindestens dreihundert Meter vom Zug entfernt hinter Bäumen „in Sicherheit“ bringen. Mir stellte sich damals die Frage, wo ist bei einem Baum hinten und vorne? (heute weiß ich es: Hinter dem Baum liegen ein Häufchen und etwas Papier!). Und woher weiß dies eine Bombe? Glücklicherweise wurde aber nicht unser Zug angegriffen und auch nicht der Bahnhof Mühldorf, sondern Kraiburg ganz in der Nähe von Mühldorf. Weiterfahrt nach etwa zwei Stunden.

Bei einer anderen Fahrt wurde unser Zug 35 km vor München über vier Stunden angehalten. Luftangriff auf München! Als wir gegen 23 Uhr endlich in München Süd eintrafen, sahen wir die Stadt in Flammen. Wir rannten so rasch wir konnten mit unserem Leiterwagen die 800 Meter vom Südbahnhof zum Isartalbahnhof,

Nach dem Krieg bestanden viele Personenzüge aus Kriegs-Behelfspersonenwagen der Gattung Mci mit notdürftigen Sitzgelegenheiten aus kriegszerstörten Reisezugwagen. Hier fährt am 25. April 1955 der noch aus solchen Wagen gebildete P 2241 mit 64 241 in Fürth Hbf ein. Aufnahme: Carl Bellingrodt/EK

Im großen Ausbesserungswerk München-Freimann – hier eine Aufnahme aus dem Jahr 1961 – lernte Franz Eigl das Eisenbahnhandwerk kennen. Aufnahme: Slg. Dr. Brian Rampp

damit wir wenigstens noch den letzten Triebwagen, einen der dort verkehrenden ET 183, nach Höllriegelskreuth erreichen konnten. Doch was stand im Bahnhof? Ein Dampfzug nach Wolfratshausen! Der hätte schon um 19.30 Uhr fahren sollen, doch musste er diesmal auf unseren Mühldorfer Zug warten, weil aus diesem etwa 80 verletzte Soldaten vorgemeldet waren, die man in ein Notlazarett, das in einem Waldstück bei Schäftlarn eingerichtet worden war, transportieren wollte. Für uns beide war dieser Zug ein sehr willkommener Glücksfall. Er ersparte uns einen Fußmarsch von einer Stunde, denn von Höllriegelskreuth aus hätten wir noch gut zwei Stunden bis zur Wohnung gebraucht, von Ebenhausen-Schäftlarn dagegen nur 45 Minuten. Was waren wir froh!

An eines möchte ich auch noch erinnern: Fahrkarten! Nicht Fahrpreise! Es gab ja noch Bahnsteigsperren, an denen beim Zugang die „Edmondschen Kartons" gelocht und beim Hinausgehen aus dem Bahnsteigbereich wieder eingesammelt wurden. Ich weiß zwar nicht, ob das überall so gemacht wurde, aber auf der Isartalbahn wurden diese Fahrkarten damals tatsächlich wiederverwen-

Hochbetrieb herrschte in den Nachkriegsjahren in allen Ausbesserungswerken. Direkt in der Nähe von Franz' Lehrwerkstätte, im AW Freimann, standen die auszubessernden Dampfloks, auf diesem Bild vertreten durch 50 2712 ganz vorne, dahinter von links 50 123, 18 513, 54 1540, in der dritten Reihe 50 2721, eine weitere 50 und ganz hinten eine Dampfschneeschleuder. Aufnahme 1952: Slg. Dr. Brian Rampp

Blick in die wiederaufgebaute und daher noch helle Dampflokhalle 24 des Ausbesserungswerks München-Freimann im Jahr 1950. Aufnahme: Sammlung Dr. Brian Rampp

det. Die Vorderseite wurde mit Längsstreifen bedruckt, das „Zwicklöchlein" blieb, und die freie Rückseite fand erneut Verwendung. „Recycling" bereits 1944!

Bei einer weiteren Fahrt gab es einen Vorfall, der einer Fahrdienstleiterin beinahe das Leben gekostet hätte. Bei der Einfahrt aus Richtung München in den kleinen Bahnhof Baierbrunn standen die dortigen Weichen in Richtung Gleisanschluss eines Fahrzeugmotorenwerks. In der Dunkelheit bemerkte der Lokführer zu spät, dass er nicht an den Bahnsteig kam. Trotz Notbremsung hing das Werktor kurz darauf an den Puffern und der Rauchkammer der Zuglok. Sofort waren einige „schwarz Gekleidete" (SS-Männer) mit gezogenen Waffen zur Stelle. Sie wollten die Fahrdienstleiterin sofort wegen „Sabotage" standrechtlich erschießen. Der Lokführer und sein Heizer konnten dies aber gerade noch verhindern. Ich hörte nur Rufe wie „Telefonleitung kaputt" und „es sollte doch ein Güterzug kommen" und dass sie, die Fahrdienstleiterin, schon über 16 Stunden im Dienst sei.

Bei späteren Fahrten sah ich sie dann aber weiterhin im Dienst. Gut, sie hatte einen Fehler gemacht, aber der Schaden am Werktor wäre mit einer Erschießung doch mehr als ungerecht geahndet worden! Dies verstand ich schon damals, mit meinen acht Jahren.

Meine Schulzeit war natürlich – wie wohl bei vielen meines Alters – äußerst turbulent. Ich konnte in den acht Jahren meiner Schulpflicht insgesamt höchstens sechseinhalb zur Schule gehen. Ich ging in Klassen mit bis zu 60 Schülern und in Dorfschulen,

Oben: Lehrling Franz beim Motorwickeln in der Lehrwerkstätte des AW München-Freimann. Aufnahme: Franz Eigl
Rechts: Die auszubessernden Elloks im AW Freimann interessierten Franz wesentlich mehr als die Dampflokomotiven. Hier E 94 038 während der Hauptausbesserung am 2 August 1952. Aufnahme: Sammlung Dr. Brian Rampp

wo alle von der 1. bis zur 8. Klasse in einem Raum und nur von einem einzigen Lehrer unterrichtet wurden.

Gelernt haben wir Schüler nur „das Notwendigste". Aber eines hatten wir damals – Respekt vor einem Lehrer und Rücksicht auf Mitschüler in überfüllten Klassenzimmern. Es war auch ruhiger in unseren Räumen. Wenn wir, so ab 1949, einen Ausflug „machen" durften, wanderten wir einigermaßen diszipliniert – zwar nicht gerade „im Gleichschritt marsch", aber immerhin in Zweier- und Dreierreihen zum Bahnhof, und dies mit nur einer Aufsicht – dem Klassenlehrer.

Wenn man heute eine Klasse am Bahnsteig oder im Zug erlebt, handelt es sich meist um einen „Sauhaufen" mit 30 Schülern, mit dem die Aufseher – meist drei Lehrer – kaum fertig werden. Schüler sind heute freier als wir damals, und das ist auch gut so; nur hat man heute oft den Eindruck, dass Schüler zwar ihre Rechte kennen – nicht aber ihre Pflichten. Anscheinend lernen sie heute nicht mehr, dass das Verkratzen von Fahrzeugscheiben, die alles und jedes zierenden „Graffitis" sowie Vandalismus in seinen vielen Varianten kriminelle Handlungen sind. Der Respekt vor'm Allgemeingut fehlt heute in großem Maße! Ich freute mich seinerzeit, wenn ich als Schüler in einen Wagen mit heilen Fenstern einsteigen konnte, was damals infolge des Krieges alles andere als selbstverständlich war. Selbst in die Lehre fuhr ich in den Jahren 1950 bis 1954 immer noch in den sogenannten Kriegs-Behelfspersonenwagen (Mci). Das waren ab 1943 aus Güterwagen der Bauart „Bremen" abgeleitete „Personenwagen" mit notdürftig eingerichteten primitiven „Sitzgelegenheiten" aus zerbombten Reisezugwagen. Fünf Glühbirnen an der Decke, nur wenige Fenster in der Seitenwand – und wenn sogar noch die Heizung funktionierte, waren wir richtig zufrieden! Heute überall anzutreffende Zerstörungsanfälle – heute heißt das ja „psychologisch bedingtes Abreagieren von Frust" – war uns damals restlos fremd. Vielleicht fehlt heutigen Chaoten und Zerstörern zu ihrer „Selbstfindung" nur die sofortige Ohrfeige, die wir damals von den Erwachsenen erhielten, wenn wir etwas angestellt hatten. Ich bin kein Freund von Prügelstrafen, aber wenn ein Lümmel (und ich war bestimmt auch kein Engel) seine Strafe sofort bekommt, ist es besser. Eine Geldstrafe für eine in den seltensten Fällen aufgedeckte Tat, die Monate später von den Eltern bezahlt wird, ist keine Erziehungsmaßnahme.

Meine Lehrzeit ab Herbst 1950 war auch noch mit Ohrfeigen gepflastert, geschadet haben sie mir nicht – aber einige waren wirklich ungerechtfertigt. Wir hatten Ausbilder, die mussten einfach pro Woche eine gewisse Anzahl von Ohrfeigen verteilen, sonst wären sie unglücklich geworden. Besonders der, der uns im ersten Lehrjahr betreute, der Stangl Hermann, war so einer. Einmal bekam ich von ihm auch „zwei links, zwei rechts". Ich fragte ihn anschließend: „War das alles? – Ist das der Rest ihrer „Wochenration" gewesen? Ich hätte mehr erwartet!" Er war erschrocken über den Mut, den ich mit meinen 15 Jahren ihm gegenüber bewies. Er ohrfeigte mich daraufhin nie wieder!

Nach der Lehrzeit arbeitet Franz Eigl zunächst als Betriebselektriker im Bahnkraftwerk Penzberg, wo er u.a. die Turbinen zu warten hat.
Aufnahmen: Sammlung Dr. Brian Rampp

Im Verlauf der Lehrzeit, die ich im DB-Ausbesserungswerk München-Freimann absolvierte, konnte ich ständig in unmittelbarer Nähe der Lehrwerkstätte Dampflokomotiven beobachten. Wesentlich interessanter für mich waren aber die elektrischen Loks. „Bügeleisen" nannte sie der Stangl Hermann. Ich sah sie zwar nicht ganz so oft wie Dampflokomotiven – aber sie waren nicht unerreichbar für mich.

Während der Ausbildungszeit im Werk lernten wir auch den Fahrmotorenbau, die Trafowickelei, den Ellokabbau, den Ellokaufbau, die Hausinstallation, das Lokomotivprüffeld mit Hochspannung 15.000 V und vieles mehr kennen. Sogar auf Werkstättenprobefahrten mit Elloks durften wir hin und wieder mitfahren!

Am Ende meiner Lehrzeit, am 28. Februar 1954, wurde ich mit vierzehntägiger Verzögerung von der DB übernommen – und zwar als Hilfsarbeiter; ab 1. Juni 1954 wurde ich dann zum Be-

In der von einer interessanten Dachkonstruktion überspannten Ellokhalle des Bw München Hbf beginnt am 1. September 1956 Franz Eigl als Handwerker seine eigentliche Laufbahn zum Lokomotivführer. Aufnahme: Sammlung Dr. Brian Rampp

triebselektriker im Schichtdienst „befördert"! Mit meiner Übernahme als Arbeiter bei der DB musste ich notgedrungen die Elternwohnung verlassen, denn mein Arbeitsplatz war nun im gut 50 km südlich von München gelegenen Bahnkraftwerk Penzberg. Dort wurde mir eine Schlafgelegenheit in einer sehr gut gebauten Baracke zur Verfügung gestellt. In Penzberg fand ich leider keine Loks vor, dafür aber an meinem ersten Arbeitstag, dem 15. März 1954, etwas, das mich genauso „elektrisierte" wie ein Blitz. Ich sah ein Mädchen – meine Traumfrau; und genau diese wurde zu meinem „Hobby Nummer 1" – und ist es bis heute geblieben!

Von Penzberg aus bewarb ich mich bei der ersten Gelegenheit zum Lokomotivführer. Am 1. September 1956 wurde ich zum Bw München Hbf versetzt. Dort begann meine „Hauszeit". Als Handwerker in der Ellokhalle. Sie bestand aus Bremsklotz wechseln und einigen Tagen Stangenlager reparieren. Später dann, ab 1. April 1957, genau das gleiche im Dampflokschuppen. Im Oktober 1956 wurde ich übrigens „umgetauft"! In der Bremsklotzpartie des Bw gab es fünf Handwerker mit dem Vornamen Franz. Der Gruppenleiter verlangte zur leichteren Entscheidung andere Namen; ich nahm den Namen „Blasius" an, weil am Blasiustag mein „Hobby Nummer 1" Geburtstag hat.

Wie es mit „Blasius" weiterging, können Sie, verehrte Leserinnen und Leser, in den nun folgenden Episoden dieses Buches erfahren.

Franz Eigl

Bremsklötze auswechseln sowie Stangenlager von Dampf- und Elloks reparieren gehörten zu den schweißtreibenden, aber selbstverständlichen und alltäglichen Aufgaben eines angehenden Lokführers – und von diesen Maschinen besaß das Bw München Hbf in den fünfziger Jahren noch sehr viele. Zwei von ihnen, E 32 22 und E 32 24 (vorne), sind im Juli 1957 mit einem Reisezug in München Hbf angekommen.

Aufnahme: GG

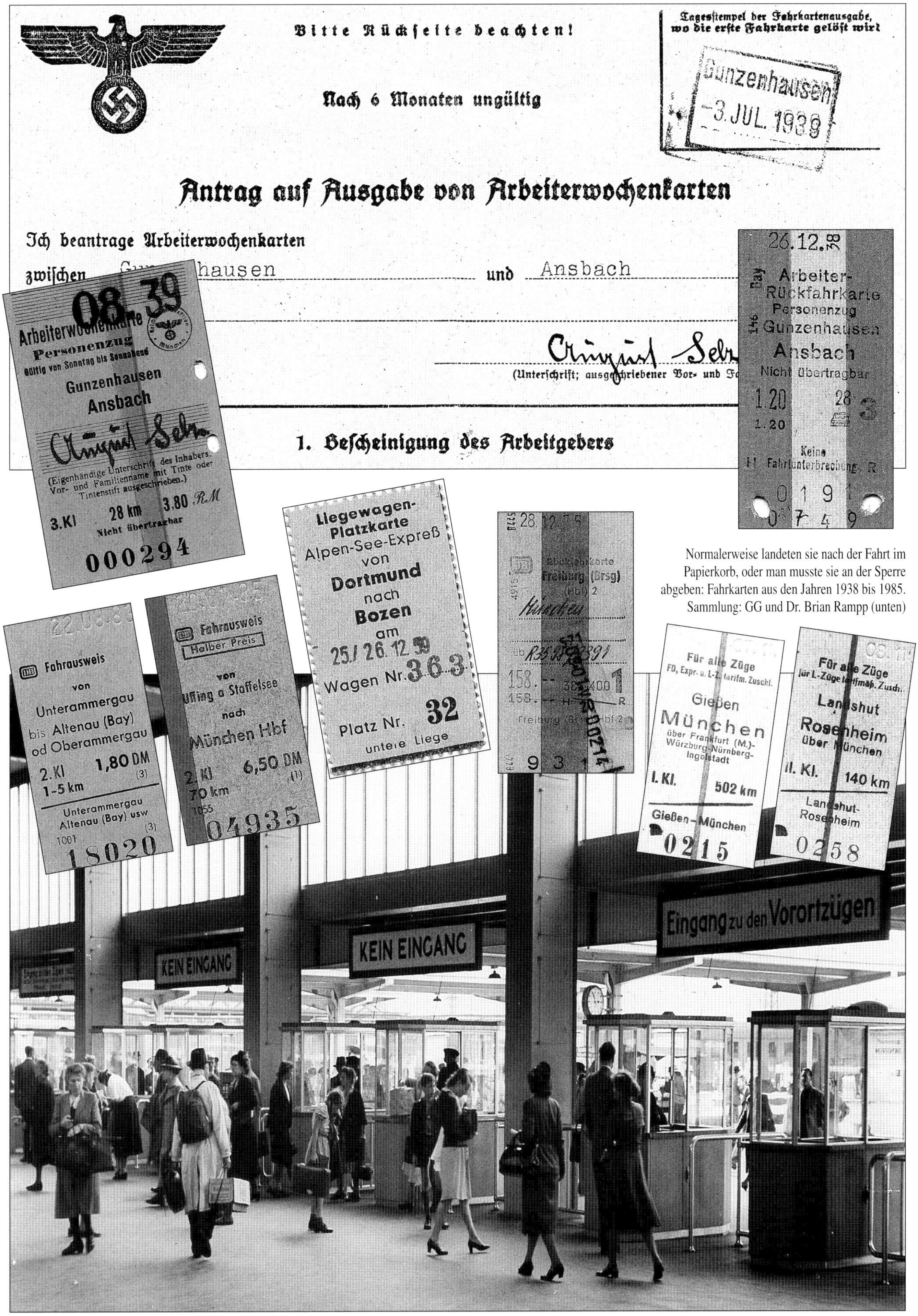

Normalerweise landeten sie nach der Fahrt im Papierkorb, oder man musste sie an der Sperre abgeben: Fahrkarten aus den Jahren 1938 bis 1985. Sammlung: GG und Dr. Brian Rampp (unten)

Auch im neuen Starnberger Bahnhof gab es 1957 noch Bahnsteigsperren, die nur mit einer gültigen Fahrkarte bzw. mit einer Bahnsteigkarte für 10 Pfennig zu überwinden waren. Aufn: GG

Hinter dem Gelände der ehemaligen Hauptwerkstätte München gelegen ist der nördliche Ladehof, wo in den dreißiger wie auch noch in den fünfziger Jahren mit bayerischen R 4/4 rangiert wurde. Diese Aufnahme datiert bereits aus dem Jahr 1938, als 92 2047 als Rangierlok „7" auf dem Gelände verschiebt. Im Hintergrund sind Elloks und Elektrotriebwagen zur Reparatur abgestellt und warten auf die Aufnahme ins Ausbesserungswerk. Heute ist das Gelände Brachland. Aufnahme: Sammlung Dr. Brian Rampp

Rangierdienst im „nördlichen Ladehof" München

Auch „Blasius" hat mal klein angefangen. Die ersten Dienstschichten dieses Reservelokomotivführers als Lokführer sind in den Jahren 1958 bis 1960 Rangierdienste gewesen. Meist im Rangierbahnhof München-Laim und dort besonders mit den Rangierabteilungen (Rabt) Nummer 5 oder 9. Die „Rabt" 9 rangierte zwar in München-Laim, aber der „nördliche Ladehof" gehörte praktisch schon zum Münchner Hauptbahnhof. Die Rangierabteilungen 1 und 2 besaßen damals mit E 91 15 und E 91 20 zwei der starken alten Stangenelloks für den großen Ablaufberg, die Rabt 3, 4, 6, 7, 8 und 10 wurden bereits mit V 60 gefahren.

Die Rabt 9 war mir – vom Arbeitsablauf her gesehen – recht sympathisch. Als Rangierloks waren für sie in der Regel solche der Baureihe 92^{20}, also bayerische R 4/4, vorgesehen. Das Bw München Hbf hatte aus dieser Lokserie seinerzeit noch einige im Bestand. Diese alten Dampfer waren äußerst stabile und zugkräftige Rangierloks. Eine davon war 92 2037. Diese hatte eine soge-

E 91 20 war neben E 91 15 viele Jahre am Ablaufberg des Münchner Rangierbahnhofs Laim beschäftigt, wie hier Mitte der sechziger Jahre.

Aufnahme: Johannes C. Klossek, Sammlung Eisenbahnclub Rhein-Sieg

Bayerische R 4/4 gehörten noch bis Ende der fünfziger Jahre zum Alltag des Münchner Hauptbahnhofs. Am 22. April 1960 bringt 92 2017 mit einem Arbeitszug Baumaterial in der neuen Bahnsteighalle. Aufnahme: K. Gräßle, Slg. Wolfgang Löckel

nannte „Wurfhebelsteuerung" – bei der man nicht ewig Kurbeln musste wie bei anderen Lokomotiven – und sie hatte einen praktischen Regler – den sogenannten „Schnabelregler" – der nicht am Stehkessel, sondern bei der Steuerung rechts unten angeordnet worden war. Zum Rangieren eignete er sich ausgezeichnet, denn man konnte bei seiner Bedienung den Kopf „draußen" und damit die Übersicht behalten. Funk? – gab's damals auf Dampfloks noch nicht. 92 2037 hatte noch eine andere Spezialität: Petroleumleuchten – also 1958 noch kein elektrisches Licht!

Eines schönen und kühlen Morgens, früh um 3.30 Uhr, war Dienstbeginn; Übergabe an den Betrieb im Bahnhof München-Laim um 4 Uhr. Wir rückten pünktlich aus, und auch die Rangiermannschaft wartete bereits auf uns. Als ersten Rangierauftrag mussten wir eine „endlos" lange Flachwagengruppe vom Bahnhof München-Laim auf Gleis 5 des nördlichen Ladehofes schieben. Ich weiß heute nicht mehr genau, warum, aber höchstwahrscheinlich für den bekannten Münchner Zirkus Krone, der regelmäßig auf Reisen geht. Wichtig war, dass die etwa 600 Meter lange Wagengruppe von den Rangierern gleichmäßig besetzt (behangen) war, damit die Rangierzeichen vom Ende – in diesem Fall von der Spitze – der Rabt zuverlässig weitergegeben werden konnten. So schoben wir die vielen Wagen schön langsam etwa drei Kilometer weit in ein leeres Gleis, an dessen Ende ein Prellbock stand. Wir sollten zunächst ein Gleis an der Ladestraße mit Wagen voll- und die übrigen Wagen ins Nachbargleis zum Beladen bereitstellen. Abgesprochen war, dass der Rangierer an der Spitze des geschobenen Zuges, der am weitesten von der Lok entfernt war, am Prellbock bleiben und uns dann im Nachbargleis erneut einweisen sollte. Ein anderer Rangierer blieb ganz in der Nähe der Lok, denn er konnte sich hierbei weit „hinaushängen" und hatte einen wesentlich besseren Blickwinkel zu seinen Kollegen.

Blick auf den nördlichen Ladehof, in dem der Rangierunfall passierte. Das Bild aus den dreißiger Jahren zeigt einen Reichsbahn-Lkw, der einen Rungenwagen auf den Tieflader zieht. Das Zustellen von Güterwagen mit dem „Straßenroller" gehörte übrigens auch noch in den siebziger Jahren zum Service der Bahn. Aufnahme: Sammlung Dr. Brian Rampp

Die Spuren des Zweiten Weltkriegs sind 1951 noch unübersehbar – erst um die Mitte der fünfziger Jahre setzt der Wiederaufbau voll ein, als genügend Geld dafür vorhanden ist. 92 2049 (oben), die Schwesterlok von Franz Eigls 92 2037, ist hier als Reservelok im Bw München Hbf abgestellt. Als 92 2026 (unten) am 14. März 1959 – ebenfalls im Bw München Hbf – aufgenommen wurde, hatten sich die Verhältnisse im Alltag der Menschen und bei der DB wieder normalisiert. Aufnahmen: Dr. Scheingraber (oben) und Hellmuth Fröhlich, Archiv Griebl

Als sich unsere 92 2037 ungefähr unter der Donnersberger Brücke befand, schoben wir nur noch in ganz langsamer Schrittgeschwindigkeit weiter, denn ab hier konnte der erste Wagen nicht mehr weit vom Prellbock entfernt sein. Bei solch niedriger Geschwindigkeit konnte nichts mehr passieren. Ein kleiner Ruck zeigte uns an, dass wir am Ziel waren. Ein Rangierer aus der Zugmitte kuppelte beim Grenzzeichen ab. Wir zogen ein Stück zurück und schoben den Rest der Wagen wie geplant ins Nachbargleis.

Aber nicht bis zum dortigen Prellbock, sondern nur bis ans Grenzzeichen, weil zu dem Zeitpunkt wegen Arbeiten an der Ladestraße nicht die ganze Länge von Straßenfahrzeugen befahren werden konnte. Daraufhin sortierten wir am Ablaufberg einige Wagen, um sie den verschiedenen Firmen ordnungsgemäß bereitstellen zu können. Rangieralltag in der Morgendämmerung!

So gegen 4.45 Uhr sahen wir, dass in der Arnulfstraße beim ehemaligen Paketpostamt einiges an blau blinkenden Autos herumstand. Davor und dahinter hell beleuchtete Straßenbahnen. Schnell legten die Rangierer einige Handweichen um, und schon fuhren wir (neugierig waren wir ja nicht!) in ein leeres Gleis bis zum Prellbock, ganz in die Nähe der „Blaublinker".

Was wir dort sahen, war zwar sehr „fotogen", aber für die Rangierer eine Katastrophe. Unsere leeren Wagen, die wir „bis zum Anschlag" an den Prellbock geschoben hatten, blockierten die gesamte Arnulfstraße! Der Ruck, den ich beim Zustellen der Wagen gespürt hatte, war nur „indirekt" der Prellbock gewesen. Stattdessen war es die Hausmauer auf der Straßenseite gegenüber! Wir hatten nämlich die Wagen samt dem morschen Prellbock durch einen Zaun hindurch schräg über die Straße bis dorthin gedrückt! Wir begriffen sofort, dass wir die Schuldigen waren!

Sofort dampften wir wieder zurück, holten zunächst die Flachwagen, die sich noch auf Schienen befanden, wieder aus dem Ladegleis und stellten sie in das Gleis, wo wir gerade Zeugen unserer eigenen Schande geworden waren. Anschließend zurück in das Gleis bis zum nicht mehr vorhandenen Prellbock. Ab hier standen die Wagen nicht mehr auf den Schienen, sondern bis zur anderen Straßenseite auf gutem, stabilem Kopfsteinpflaster!

Den anwesenden Polizisten boten wir an, alle entgleisten Wagen einfach wieder zurück in den Ladehof zu ziehen, auch wenn sie dann neben den Schienen stehen würden. Nachdem sich bis jetzt keine höheren Eisenbahnaufsichtskräfte an der Stelle unserer Schande eingefunden hatten, stimmten die uniformierten Herren aus den Blaublitzautos zu. Sofort wurde angekuppelt, und gleich darauf rollten die Wagen wieder zurück in den Ladehof. Es rumpelte zwar sehr laut, als ein Wagen nach dem anderen über die Schwellen des Ladegleises dahinpolterte. Aber das Ziel, die Arnulfstraße wieder frei zu bekommen, war bald erreicht! Der morgendliche Berufsverkehr hatte wieder freie Fahrt, und selbst die Straßenbahnen konnten sofort wieder ihre Fahrten fortsetzen, da die Spurkränze der leichten, leeren Flachwagen nur minimale Spuren auf den Straßenbahnschienen hinterlassen hatten. Lediglich der Prellbock, der solch einen Vorfall eigentlich hätte verhindern sollen, blieb als „Andenken" an der Hausmauer zurück – natürlich total „verdrückt und verbogen". Auch vom Zaun blieben einige Reste auf der Straße liegen, aber die wurden schließlich von unseren uniformierten Freunden und Helfern beiseite geräumt. Wie war es zu diesem Vorfall gekommen?

Am 10. Juni 1962 stand Franz Eigls „Unfalllok" 92 2037 gemeinsam mit 92 2049 ausgemustert im Bw München Hbf. Die noch nicht lange abgestellten Maschinen zeigen sehr schön die Unterschiede der beiden R 4/4-Bauarten. Am 4. August desselben Jahres rollten sie zur Zerlegung ab. Aufnahme: Gerhard Moll

Der Rangierer an der Spitze unserer Rangierabteilung, der eigentlich bis zum Prellbock auch dort bleiben sollte, war bereits vorher abgesprungen, als er nämlich erkannt hatte, dass das Nachbarladegleis wegen Straßenarbeiten nicht in voller Länge für Straßenfahrzeuge benutzbar war. Also hätten die Wagen dort auch nicht beladen werden können. Somit hätten wir den Rest der Wagen auch nicht bis zum Prellbock schieben und er entsprechend auch nicht so weit zu Fuß zurücklaufen müssen. Er war der Meinung, dass der Prellbock bei dem Schneckentempo, das ich fuhr, die ganze Rangierabteilung schon zum Stehen gebracht hätte. So hatte er am Ende der Baustelle auf uns gewartet, um rechtzeitig das Haltesignal zu geben. Dies war zwar gut gedacht gewesen, doch leider falsch. Er war rasch als Alleinschuldiger ermittelt worden. Glücklicherweise hatte es keine Verletzten und auch keinen Zusammenstoß mit anderen Verkehrsteilnehmern gegeben.

Hilfsmannschaften, die später die entgleisten Wagen wieder auf die Schienen des Ladegleises bringen mussten, „entsorgten" gegen Mittag auch den Prellbock; der Zaun wurde ebenfalls bald wieder repariert. Nur an der Hausmauer des Postgebäudes blieben die Schrammen des Unfalls noch viele Jahre sichtbar.

Mein erster Spezialeinsatz

In der ersten Zeit nach meiner Lokführerprüfung waren für mich außer den Aufgaben auf den Rangierdampfloks zunächst Heizerdienste bei den Dampfwendezügen im Großraum München angesagt; später Lokführerdienste München – Holzkirchen – Lenggries bzw. Bayrischzell – Dachau – Altomünster und München – Geltendorf – Buchloe sowie Rangierdienste auf den Münchner Bahnhöfen. Dabei lernte ich die Strecken mit all den vielen Kleinigkeiten, die für Nacht- und Nebelfahrten notwendig sind, besonders gut kennen. Ich kannte sprichwörtlich jeden Baum, jeden Strauch und jedes Gebäude links und rechts der Gleise. Ich hatte also für die Dampfstrecken, die vom Bw München Hbf aus befahren wurden, die fast perfekte Streckenkenntnis.

Irgendwann, kurz vor Weihnachten, bekam ich in jenen Jahren einen Dienst für den nächsten Tag; es war eine Schicht der „besonderen Art". „Blasius, morgen früh um 7.00 Uhr kommst du mit bester Kleidung, Krawatte und weißem Hemd zum Dienst. Einen Kittel kannst du ja in der Tasche mitnehmen, wahrscheinlich brauchst du ihn aber nicht. Dein Dienstende wird gegen 16.30 Uhr sein", teilte mir der Lokleiter mit. Mehr war nicht zu erfahren!

Als ich mit meinem Fahrrad, diesmal langsamer als sonst, nach Hause fuhr, überlegte ich hin und her, was das wohl für ein seltsamer Dienstauftrag sei? Zu Hause sagte ich dann auch sofort, was für ein Auftrag mir erteilt worden war.

Mein Hobby Nr. 1 – mein liebes „Schmutziputzi" bzw. anders gesagt: meine Frau – legte mir daraufhin ein besonders wertvolles Hemd, das sie offensichtlich mit einer Spezialmischung aus Super-Riesen-Omonil-Properweiß gewaschen und außerdem mit extra Spezial-Kragenweiß-Verstärker präpariert hatte, bereit: mein bestes Hemd, das bereits für die kommenden Feiertage vorbereitet im Schrank lag. Mein Hochzeitsanzug musste auch noch gebügelt werden, und – man höre und staune – neue Schuhe kaufte ich mir an diesem Abend auch noch schnell.

Also fuhr ich am nächsten Tag in meinen besten Klamotten auf meinem alten Fahrrad zum Dienst – natürlich viel zu früh, aber was tut man nicht alles, besonders dann, wenn man nicht weiß, warum und wofür?!

Auf der Lokleitung erfuhr ich nun, was wirklich Sache war: „Blasius, fahre außer Dienst nach München-Pasing. Dort kommt gegen 7.50 Uhr ein Triebwagen der US-Army aus Heidelberg. Darin fährt ein hoher Herr, der seine Soldaten besuchen will. Du machst Lotsendienst nach Bad Tölz und wieder zurück nach München-Pasing. In Bad Tölz hast du fünf Stunden Pause."

Also ging ich mit meinen neuen Schuhen, die mich – wie sollte es auch anders sein – an den Fersen rieben, im „überweißen" Hemd mit gestärktem Kragen (der scheuerte am Hals) den allseits bekannten „schwarzen Weg" zum Haltepunkt Hauptwerkstätte. Von dort aus mit dem nächsten Vorortzug nach München-Pasing zu fahren, war bereits Erholung für meine Füße.

Pünktlich um 7.50 Uhr kam dann auch der von mir mit Spannung erwartete Triebwagen mit Namen VT 33 801 heran, unscheinbar dunkelgrün lackiert, nichts Besonderes. An seiner Stirnfront befand sich ein Blechschild mit einigen Sternen. Der Triebwagenführer begrüßte mich in nordbadischem Dialekt und meinte, ich könne gleich nach hinten in den „Saloon" gehen und dort an einem urgemütlichen Frühstück teilnehmen. Sein Kollege sei auch hinten, und er selbst habe eben die Führung des Zuges übernommen und kenne die Strecke nach Bad Tölz genau. Der zweite Triebwagenführer kam daraufhin aus dem Saloon und nahm mich einfach mit nach hinten. Für mich war natürlich die Überraschung groß, als ich das erste Mal einen Salonwagen von innen sah. Nachdem ich vom „hohen Herrn" persönlich begrüßt worden war, bekam ich einen Platz auf der Eckbank zugewiesen. Es gab ein amerikanisches Frühstück mit viel Kaffee, geröstetem Speck, Rührei, Toastbrot und sonst noch Vielem, was das Herz begehrt.

Blasius' erster „Spezialeinsatz" findet im grünen VT 33 801 der US-Army statt. Hier steht der Triebwagen im Juni 1959 in seiner Heimatdienststelle, dem US-Stützpunkt in Heidelberg. Als Abstellplatz diente ein Seitengleis im Vorfeld des Heidelberger Hauptbahnhofs mit einem breiten Bahnsteig. Aufnahme: J. F. Schuld

Zwischendurch fragte mich der Koch, ob es möglich sei, irgendwo auf der Strecke anzuhalten. Warum, wollte er nicht sagen. Nun, ich kannte die Zeiten der Planzüge auswendig und meinte, so ungefähr vier bis fünf Minuten wären gut möglich. Wir lagen hinter einem Eilzug und hatten nur eine Kreuzung mit einem Personenzug auf einem eingleisigen Abschnitt im Bahnhof Schaftlach zu erwarten. Dort mussten wir allerdings pünktlich sein. Er nahm mich bei der Hand, führte mich in seinen „Workroom", griff sich sein stabilstes Küchenmesser – fast eine Machete – und begab sich zusammen mit mir in den Führerstand.

Der Triebwagenführer schaute sich um und meinte, „Schlimm-Schimm“ (so der Name des Messerwetzers), „willst du mich umbringen oder für heut' Abend einen Rehbraten erwildern?“ Da endlich kam der „Herr der Küche“ damit heraus, was er wollte: „Weißt du hier irgendwo einen schönen Weihnachtsbaum? Ich möchte auf der Heimfahrt einen im Saloon aufstellen.“

Wie gesagt, ich kannte auf der Strecke jeden Kilometerstein beim Vornamen und auch sonst alles, was wichtig war. Wir befanden uns gerade zwischen Deisenhofen und Sauerlach, mitten in einem waldreichen Streckenabschnitt, und genau drei Kilometer weiter hatte meine „Gehirnmechanik“ in dieser Fahrtrichtung eine kleine Tanne „einprogrammiert“. Die einzige an der gesamten Strecke! Ansonsten am Bahndamm weit und breit nur Fichten in allen Größen. Auch in der Bahnhofsgegend von Bad Tölz, wo wir genügend Zeit gehabt hätten, einen „Baumfrevel“ zu begehen, wusste ich keinen schöneren Baum.

Also, Triebkraft abschalten, den Zug ausrollen lassen, sanft bremsen – und bei dem auserkorenen Weihnachtsbaum leise anhalten. Nachdem wir zum Stehen gekommen waren, kletterten Schlimm-Schimm und ich vom Führerstand. Ich bog den Baum zur Seite, und der „Herr des Messers“ fällte das Prachtexemplar mit seinem „waffenscheinpflichtigen“ Küchengerät. Schnell wurde der Baum auf dem rückwärtigen Führerstand versteckt, worauf wir Baumdiebe wieder vorne einstiegen und – unbemerkt von etwaigen Zeugen – die Fahrt fortsetzten. Auch der Hohe Herr fragte nicht, warum wir angehalten hatten.

Während der Weiterfahrt auf dem Führerstand bemerkte ich, dass an mir einiges nicht mehr so war wie vor dem Baumfrevel. Meine neuen Schuhe waren naß und nicht mehr auf Hochglanz poliert, außerdem voller Lehmpampf und stark verkratzt. Meine Hochzeitsanzugshose war an beiden Beinen mit bayerischer Heimaterde „verziert“, die Jacke mit Harzflecken „geschmückt“ und vielen Tannennadeln „dekoriert“. So saß ich in der Enge des Führerstandes und ließ mich logischerweise im Saloon nicht mehr blicken. Zwischendurch kam Schlimm-Schimm und fragte, ob wir etwas aus der Küche haben wollten. Ich deutete auf meine Schuhe und Kleidung und meinte zu ihm, dass ich im Moment ganz andere Sorgen hätte. Er verschwand, um kurz darauf mit einer völlig abgewetzten Blue-Jeans und einem Pulli wiederzukommen. Er verlangte von mir einen Strip und einen Pirts (das ist wieder anziehen) und nahm meinen Anzug und meine Schuhe mit in die hinteren Räumlichkeiten. Ich saß nun in Cowboyklamotten, ohne Schuhe und mit nassen Socken bis Bad Tölz im Führerstand.

Dort angekommen, verließ der Hohe Herr – am Bahnsteig von einer Militärkapelle mit Marschmusik begrüßt – zusammen mit einigen Begleitern den Triebwagen. Inmitten einer Eskorte wurde er in einem großen Auto zu seinen Untergebenen chauffiert.

Der US-Triebwagen wurde daraufhin auf einem Gütergleis abgestellt, und es kehrte wieder Ruhe ein. Den Triebwagenführern und mir wies man je eine Personalkabine zu, worin wir ein wenig schlafen konnten. Gegen 13.00 Uhr klopfte es an meine Tür. Draußen stand „Schlimm-Schimm“ und lud mich zu einem Mittagessen ein. Im Saloon waren wir dann vier Personen: ein Zimmermädchen, ein Leibwächter („Gorilla“), Schlimm-Schimm und ich. Die beiden Berufskollegen, die ja eine lange Nachtschicht hinter sich hatten, durften weiterschlafen.

Es gab ein zünftiges bayerisches Menü. Schlimm-Schimm kochte immer das, was es in der Gegend des Fahrtzieles als Spezialität gab. Heute hatte er einen hervorragenden, knusprigen Schweinebraten mit entsprechenden Beilagen zusammengebruzzelt. Auch die Raumkosmetikerin war – während Schlimm-Schimm den ganzen Triebwagen mit Bratenduft füllte – nicht untätig gewesen. Sie hatte die Kabinen und den Saloon mit dem Staubsauger bearbeitet und die Betten gemacht, das Waschbecken geputzt und – man glaubt es kaum – meinen Anzug auf Vordermann gebracht! Sogar meine Schuhe hatte sie vom Schmutz befreit, nur naß und verkratzt waren sie immer noch. Ich selbst hatte ja immer noch die verschlissenen Jeans und den Cowboypulli an. Meine naß gewordenen Socken waren inzwischen längst trocken, nur lief ich immer noch ohne Schuhe umher.

VT 33 801 der US-Army fährt am 20. Juni 1957 in München Hbf ein. Franz Eigl steigt in München-Pasing zu. Am 21. Februar 1961 ist VT 33 801 auf der linken – bald darauf elektrifizierten – Rheinstrecke (unten) beim Block Bornhofen unterwegs. Die Sterne auf dem Schild zeigen den Rang der zu befördernden Persönlichkeit an. Aufnahmen: Hans Schmidt

Nach dem Mittagessen half ich Schlimm-Schimm beim Aufräumen in der „Kombüse“, und danach stellten wir gemeinsam den illegal gefällten Weihnachtsbaum auf. Selbst der 195 cm hohe Leibwächter half mit. Anschließend wollten wir die beiden Schläfer aufwecken – aber es kam ein Motorradkurier angefahren, der uns mitteilte, dass der Hohe Herr erst etwa zwei Stunden später zurückkommen würde. So ließen wir die Triebwagenführer weiterschlafen. Ich schlüpfte in meine nassen Schuhe und erklärte dem Fahrdienstleiter, dass wir voraussichtlich etwa zwei Stunden

1966 waren beim VT 33 801 die seitlichen Anschriften „United States Army“ sowie die Korpswappen bereits übermalt. Hinter VT 33 801 steht der große US-Army-Salontriebwagen VT 08 801.

Aufnahmen: GG

später abfahren würden. Zugleitung und Lokleitung wurden ebenfalls verständigt. – „No Problem“!

Mein „anstrengender“ Dienst dauerte also länger als erwartet, aber mein nächster Einsatz am folgenden Mittag war nicht gefährdet. Die beiden Schläfer kamen schließlich von selbst aus ihren Kabinen und waren verwundert, dass zur planmäßigen Abfahrtszeit jetzt alles so ruhig war.

Schlimm-Schimm ließ wieder seine Düfte im Saloon kreisen, und ich servierte den beiden das verspätete Mittagessen. Er zauberte anschließend frischen Kaffee mit Kuchen und einen schönen Eisbecher für uns alle aus seinem „Schatzkästlein“ hervor.

Eine gute Stunde später war alles wieder aufgeräumt und gespült. Ich zog mich wieder „fein“ an und gab das „Räuberzivil“ an Schlimm-Schimm zurück. Er ließ es wieder in irgendeiner Kammer verschwinden – wer der eigentliche Besitzer war, erfuhr ich nicht. Der VT 33 wurde danach an den Bahnsteig gefahren. Bald darauf kehrte der Hohe Herr mit seiner Delegation aus der Kaserne zurück. Sichtlich „erledigt“ entstieg er der Limousine, um unter lautstark geschmetterten „Stars and Stripes“ in den Salonwagen einzusteigen. Bei der Abfahrt winkte er seinen Bad Tölzer Untergebenen noch ein wenig zu. Als diese schließlich außer Sichtweite waren, ließ er sich erschöpft in die Rundung der Eckbank plumpsen und stöhnte: „I' m ready!“ Schlimm-Schimm servierte ihm sogleich ein kühles Bier und schaltete daraufhin alle Lichter im Wagen aus – bis auf den Weihnachtsbaum. Den hatte der Hohe Herr bis dahin vor lauter Stars and Stripes und Winke-Winke noch gar nicht zur Kenntnis genommen. „Beautiful, beautiful!“ war sein begeisterter Kommentar. Schlimm-Schimm erklärte ihm, wo der schöne Tannenbaum hergekommen war und wie ich mich dabei so richtig verdreckt hatte. Er, der Herr der Uniformen, musste herzlich darüber lachen.

Unterdessen rollte der Triebwagen beinahe geräuschlos in die Nacht hinein. Vorne im Führerstand befanden sich beide Triebwagenführer und zwei große Uniformierte, die schon auf dem Weg zur und von der Kaserne dabei gewesen waren – die Leibwächter. Ich hatte dort sowieso keinen Platz mehr; also blieb ich solange im Saloon, bis mein „Arbeitsplatz“ vorne wieder frei wurde. Etwa auf halber Strecke nach München kamen einer der beiden Triebwagenführer und die Uniformträger zurück in den Saloon und baten mich, nach vorne zu gehen, denn es wurde sehr nebelig, und ich würde dort gebraucht, weil es doch „meine Hausstrecke“ sei und ich sie doch am besten kennen würde. Nun, wozu ist ein Lotse im Zug? Natürlich zur Unterstützung des nicht streckenkundigen Lokführers und nicht, um im Saloon zu sitzen oder einen Weihnachtsbaum zu stehlen! Ich ging also sofort nach vorne und fuhr wegen des dichten Nebels sogar bis Augsburg mit, obwohl dies amtlich nicht vorgesehen war.

Von dort aus fuhr ich dann außer Dienst nach München zurück. Es war meine erste Fahrt in einem Salonwagen gewesen – aber noch lange nicht meine letzte. Einige Meßwagen des Versuchsamts besitzen ähnliche Räumlichkeiten – doch fehlen bei diesen selbstverständlich der Koch und die Kammerzofe.

Als ich dann wieder vom Münchner Haltepunkt „Hauptwerkstätte“ den schwarzen Weg zur Lokleitung lief, bemerkte ich, dass meine neuen Schuhe nicht mehr scheuerten. dass sich naß gewordene Schuhe den Füßen anpassen, wenn sie am Fuß trocknen, war eine weitere Erfahrung dieses „arbeitsreichen“ Tages!

Eine der sieben Wendezug-P 8 des Bw München Hbf ist 38 2340 (oben und unten). Neben 38 2407 besitzt auch sie einen vierdomigen Kessel von der Baureihe 57^{10}. Am 8. Dezember 1961 steht sie vor einem der beiden Ringlokschuppen ihres Heimat-Bw. Sehr gut ist hier das bei den Wendezug-P 8 geschlossene Führerhaus zu sehen.
Aufnahmen: Sammlung Heinz Skrzypnik (oben) und Sammlung Dr. Brian Rampp

Dienst auf der Wendezug-P 8

Unmittelbar nach meiner bestandenen Lokführerprüfung wurde ich als Heizer zu den Dampfwendezügen eingeteilt. Es war ein Dienstplan, in dem jeweils die dienstältesten Reservelokführer als Lokführer und die dienstaltersmäßig jüngsten als Heizer eingesetzt wurden. Reservelokführer deshalb, weil die als „Führer“ eingeteilten bei langen Umläufen dem Heizer, der bei geschobenen Fahrten alleine auf der Lok war, bei geeigneten Aufenthalten die Kohle auf dem Tender vorschaufeln mussten. Diese Tätigkeiten wurden einem gestandenen Lokführer nicht mehr zugemutet (Dienstrecht)!

Die Wendezüge mit P 8 fuhren im Jahr 1958, als ich eingeteilt wurde, von München aus in Richtung Westen 42 km bis Geltendorf und in Richtung Süden 36 km bis Holzkirchen, manche aber nur auf Teilstrecken und ein Zugpaar darüber hinaus bis Buchloe. Letzteres wurde zu meiner Zeit aber gezogen. Bei Lokmangel

wurden Wendezugleistungen ersatzweise mit T 18 (BR 78) gefahren. 1962/63 befanden sich insgesamt sieben P 8-Wendezuglokomotiven beim Bw München Hbf im Einsatz, und der Planbedarf betrug ebenfalls sieben Loks – es gab also keine Wendezugreservelok!

„Wendezugdampfloks", das hieß: Diese Maschinen besaßen das sogenannte „Kommandogerät" der Bauart Hagenuk – eine Reglerschließeinrichtung, die zusammen mit der durchgehenden Bremse wirkte –, eine Steuerkabelsteckdose sowie Druckluftanschlüsse für die Hauptluftbehälterleitung. Im einzelnen waren folgende Münchner P 8 damit ausgestattet: 38 1650, 38 1748, 38 2340, 38 2407, 38 2665, 38 3824 und 38 4035.

All diese Loks waren in ihrer Leistung recht zufriedenstellend – bis auf 38 2665. Diese Maschine hatte eine recht unangenehme Eigenschaft: Sie neigte zum „Wasserüberreißen", das heißt, wenn bei hohem Wasserstand im Kessel der Regler geöffnet wurde, so strömte nicht nur Dampf, sondern auch Wasser bis zum Schieber und zum Kolben. Wenn dies geschah, bestand die Gefahr, dass die Zylinderüberdruckventile ansprachen und im Wendezugbetrieb die schiebende Dampflok Fahrgäste, die sich noch am Bahnsteig befanden, mit einem heißen Wasser-Öl-Dampf-Gemisch bespritzte. Außerdem kam aus dem Schornstein ebenfalls heißes Wasser, das – mit Ruß vermischt – auf den Bahnsteig regnete. Zusätzlich war damit in Kolben- und Schieberwänden der gesamte Heißdampfölfilm weggewaschen, und es dauerte dann mindestens fünfzig Kilometer Fahrstrecke, bis die volle Leistung wieder aus der Lok herausgeholt werden konnte.

Lok 38 2407 kam etwa 1961 aus einem Ausbesserungswerk zurück. Dort war bei ihr ein Kesseltausch vorgenommen worden. Sie machte auch prima Dampf und hatte die beste Leistung von allen. Man hatte jedoch im AW vergessen, ein Schild an ihrem Stehkessel zu entfernen: „Höchste zulässige Geschwindigkeit: 55 km/h", stand darauf. Offensichtlich ein Kessel von einer Lok der Baureihe 57^{10}, die bekanntlich mit dem gleichen Kessel wie die 38^{10} ausgestattet war. Trotzdem dachte sich keiner etwas dabei, wenn er trotz des Schildes schneller durch die Gegend fuhr, und jeder pflegte und polierte das schöne Messingschild, damit es auf der P 8 auch richtig zur Geltung kam.

Die 38 3824 hatte auch eine Besonderheit, sie besaß nur sechs Bremsklötze und nicht zwölf wie alle anderen. An der Bremswirkung merkte man dies nicht, nur mussten die Bremsklötze selbstverständlich doppelt so oft gewechselt werden.

Allen Wendezug-P 8 gemeinsam war, dass sie einen schönen, geräumigen Führerstand besaßen und mit einem Wannentender gekuppelt waren. Sogar eine kleine Sozialeinrichtung gab es an den Tenderwänden: je einen Klapptisch auf beiden Seiten zum Brotzeitmachen. Die Tender hatten – wie bei Wannentendern allgemein üblich – die Einfülldeckel ganz hinten. War ja auch richtig so. Nur hob das Wasser nun – wenn man „Tender voraus" bremste – bei randvollem Wasserbehälter die Deckel hoch und ergoss sich in einem riesigen Schwall auf die am Bahnsteig wartenden Fahrgäste. Für uns war dies aber nicht vermeidbar, denn umlaufbedingt mussten wir bei Übernachtungen in Holzkirchen und Geltendorf mit vollem Tender losfahren. Auch tagsüber musste auf Unterwegsbahnhöfen manchmal Wasser nachgefüllt werden. Die Leute in Otterfing und Sauerlach sowie in Türkenfeld und Grafrath waren dabei besonders gefährdet. Geschoben wurde übrigens immer von München aus, mit dem Kamin zum Zug. Bemerkenswert war noch etwas: Wenn die Lok den Zug vor sich herschob, gab es kein Schleudern der Treibräder!

Unsere Wendezuggarnituren wurden grundsätzlich von einem vierachsigen Mitteleinstiegs-Steuerwagen mit Packabteil BD4ymf mit einem Kommandogerät angeführt – der Umschalter für Ellok oder Dampflok befand sich an der Rückwand. Hinter dem Steuer-

Der Führerstand einer Wendezug-P 8. Über der Hand des Lokführers, die soeben den Regler betätigt, befindet sich die Sprechfunkanlage. Aufnahme: Sammlung Dr. Brian Rampp

wagen liefen stets ein AB3yg/B3yg-Umbauwagenpärchen mit 24 Sitzplätzen 1. Klasse und dahinter lauter B3yg der 2. Klasse. Nach Geltendorf fuhren die Züge mit elf Wagen (Kurzzüge mit fünf Wagen), nach Holzkirchen mit sieben Wagen (Kurzzüge mit drei Wagen). Die Züge in Richtung Westen waren also immer länger und schwerer als die auf der südlichen Strecke. Der Kohleverbrauch war aber stets in etwa gleich, weil die Holzkirchener Strecke längere Steigungen und kürzere Fahrzeiten aufwies.

Die Fahrzeit des P 3613 von München nach Holzkirchen hatte man besonders knapp berechnet. Er war planmäßig ein Kurzzug, bestand also nur aus dem Steuerwagen und zwei B3yg; hier war die Lok schwerer als der Wagenzug, aber man brauchte bei ihm trotzdem ein Feuer wie bei elf Wagen nach Geltendorf. Gerade dieser Zug machte mir jedoch besonderen Spaß! Abfahrt war um 8:08 Uhr. Unmittelbar vor ihm, um 8:05 Uhr, sollte ein Schnellzug nach Rom abfahren. Meist fuhr dieser aber mit zwei bis drei Minuten Verspätung los – das übliche italienische „Verabschiedungs-Mama-mia"! Die Strecken nach Italien und Holzkirchen verlaufen die ersten vier Kilometer ab München Hbf parallel. Wenn dann endlich am Kommandogerät vom Lokführer im Steuerwagen der Auftrag „beschleunigen!" kam, hieß es zuerst, den Auftrag zu quittieren; anschließend den Regler auf, dann ein Blick nach rechts, ob der Italo-Express ebenfalls losfährt. Wenn ja, sich ganz langsam von dem Schnellzug überholen lassen und – kurz, bevor sein letzter Wagen vorbeigerollt war – Regler voll auf und die Steuerung vor, soweit, wie es die Lok vertrug – und schon überholte der kleine Dampf-Wendezug den E 18-bespannten Schnellzug! Bei Kilometer 4,0 trennen sich die beiden Strecken, und der Spaß hatte sein Ende. Regler zu, der erste Haltepunkt nahte, München Forstenriederstraße – heute heißt er München-Harras.

Ein anderes Mal der gleiche Zug, die gleiche Situation. Wieder die Wettfahrt – doch heute hatte der Italo-Express keine E 18, sondern eine E 10 als Zuglok! Der Lokführer vorne im Steuerwagen wusste, was kommen würde. Er schaute grinsend zu mir nach hinten und beschleunigte so stark, dass ich nicht mehr mithalten konnte. Mein Kumpel im Steuerwagen fummelte ständig am Kommandogerät zwischen „Achtung!" und „Beschleunigen!" hin und her, doch es half nichts, ich schob bereits mit allem, was die P 8 hergab, den Zug vor mir her, aber – die E 10 hatte uns geschafft!

Nur – wegen der ungewohnt hohen Geschwindigkeit kam diesmal der Bremseinsatz vom Steuerwagen her zu spät und unser Kurzzug entsprechend am Haltepunkt Forstenriederstraße etwas „zu weit vorne" zum Stehen. Und wie immer, wenn man sich verbremst hat, will natürlich jemand genau aus der Tür aussteigen, die sich nicht mehr in Höhe des Bahnsteigs befindet. Und selbstverständlich ist es dann zumeist obendrein eine gebrechliche Person. Oder wenn der Gepäckwagen betroffen ist, muss gerade dann besonders viel aus- oder eingeladen werden! Dies ist sozusagen ein ungeschriebenes Strafgesetz! An diesem Tag war es sogar eine halbe Schulklasse mit Fahrrädern, die vom Schotter aus eingeladen werden mussten. Bis die 25 „Drahtesel" verladen waren, vergingen gut und gerne sechs Minuten. Aber die Weiterfahrt war dann so richtig nach meinem Geschmack! Ich drosch die gute P 8, als wenn der Teufel hinter mir her gewesen wäre. In Blockabständen drängten uns ein Zug nach Lenggries und ein Eilzug nach Bayrischzell. Und selbstverständlich waren wir in Holzkirchen wieder pünktlich!

Konkurrenten: E 18 14 und 39 069 Mitte der fünfziger Jahre in München Hbf. Aufnahme: G. Amlinger, Sammlung Wolfgang Löckel

Wenn Lokführer und Heizer zusammen auf der Lok waren, wurde „fast" nie so kräftig und lautstark gefahren. Man nahm Rücksicht aufeinander. Aber als einsamer „Alleinherrscher" auf der Lok konnte man es sich leisten. Man wusste genau, welcher Auspuffschlag das Feuer, das man sich selbst aufgebaut hatte, weiter entfachte, um gut zu brennen. Und bei mir lag meist viel „schwarzes Gold" auf dem Rost, insbesondere bei Verspätungen.

Und noch eine dritte Episode mit genau diesem Personenzug 3613 will ich erzählen: Nach der üblichen Wettfahrt mit dem Schnellzug war der zweite Halt für uns der Münchner Bahnhof München-Mittersendling. Wir waren auch pünktlich dort. Nur – das Ausfahrsignal ging und ging nicht auf Fahrt! Es dauerte etwa dreißig Minuten, bis wir weiterfahren konnten. Der schon erwähnte Eilzug stand bereits mit abblasenden Sicherheitsventilen in Hör- und Sichtweite hinter uns am Einfahrsignal (der Zug nach Lenggries verkehrte an diesem Tag nicht). Wir mussten auf allen Stationen anhalten – der Eilzug dagegen sollte ohne Halt bis Holzkirchen durchfahren.

Weiterfahrt mit Verspätung – das war wieder mal ein Fall für Blasius! Die arme P 8! Alles, was möglich war, holte ich aus ihr heraus. Schwungfahren und Ausrollenlassen waren nicht drin. Mein Kumpel im Steuerwagen schloss mir jedesmal erst unmittelbar vor dem Bremseinsatz mit der Schließeinrichtung den Regler. Wir holten bis Holzkirchen auch einiges auf! Zwölf Minuten Wendezeit standen im Dienstplan. Nicht mal zwei Minuten brauchten wir! Sofort ging's wieder „mit Hurra" zurück nach München. Unterwegs fragten wir uns, wo denn der Eilzug geblieben war, der uns doch ohne Halt gefolgt war? Der längste Blocksignalabstand betrug doch nur vier Minuten! Er hätte doch schon vor Otterfing kommen müssen. Aber er kam und kam nicht. Wir waren schon beinahe in Sauerlach, der zweiten Station auf der Rückfahrt, da kam er uns endlich entgegen.

Wenn's in Bayern Winter gibt, dann richtig! Am 11. Januar 1954 müssen im Vorfeld des Münchner Hauptbahnhofs (oben) Weichen freigeschaufelt werden, um überhaupt einen Zugverkehr zu ermöglichen, links E 44 174w. Die mit dem falschen Geschwindigkeitsschild „55 km/h" ausgestattete Münchner 38 2407 (unten), hier mit einer der aus Dreiachser-Umbauwagen und einem Mitteleinstiegs-Steuerwagen bestehenden Wendezuggarnituren am 23. Februar 1963 in München Hbf. Aufnahmen: Sammlung Dr. Brian Rampp

Einige Tage später trafen wir das Personal dieses Zuges in der Kantine. Wir fragten, was denn los gewesen sei, vielleicht nochmals eine Signalstörung? – „Nein", war die Antwort, „nur, wir dachten uns, bis der Bummelzug (damit waren wir gemeint!) bis Holzkirchen an „jeder Milchkanne" gehalten hat und uns nur aufhält, fahren wir lieber in aller Gemütlichkeit hinterher; doch plötzlich wart ihr wie vom Erdboden verschwunden!" Zunächst hatten die beiden vom Eilzug nicht glauben können, dass wir mit unserem „Bummelzug" bereits wieder so weit auf der Rückfahrt gewesen waren. Doch als sie bis Holzkirchen keinen anderen Zug mit einer P 8 hatten entdecken können, mussten sie zur Kenntnis nehmen, dass sie ruhig „etwas schneller hätten fahren sollen". Der Lokomotivführer des Eilzugs meinte etwas später: „Gut, dass es noch keine Indusi auf den Dampfwendezügen gibt!" Hatte er damit recht? Ich glaube zumindest, er hatte damit nicht ganz unrecht!

Ein anderer Zug – es war P 3935 nach Geltendorf, sonntags nur bis Grafrath – war genau das Gegenteil von solcher „Raserei". Nach Geltendorf gab es Züge, die nur 54 Minuten Fahrzeit hatten, der Berufsverkehrszug 3935 dagegen 62 Minuten. Diese längere Fahrzeit brauchte er auch, wenn er an Arbeitstagen mit elf Wagen gefahren wurde. Nicht wegen des Zuggewichts – nein, das Aussteigen bei ihm dauerte fast überall zwei Minuten, denn er war der am stärksten besetzte (bestandene) Zug in dieser Richtung. Sonntags hatte er bei gleicher Fahrtzeit und nur fünf Wagen mit relativ wenigen Fahrgästen eine enorme Fahrzeitreserve. Natürlich ließ sich dieser Zug an Sonntagen spielend „mit einer Hand" heizen.

So schob ich eines Tages wieder einmal ruhig und gemütlich diesen „Sonntagszug" in Richtung Westen. Zugführer und Schaffner gab es damals auch noch! Den Schaffner beobachtete ich, wie er an jeder Station aus dem Steuerwagen ausstieg und am Bahnsteig vorne stehenblieb. Beim Abfahren blieb er weiterhin ruhig an Ort und Stelle stehen, bis der letzte Wagen an ihm vorbeifuhr und sprang erst dann auf diesen auf. Der Zug fuhr ja in der Regel ganz langsam los – wegen der Fahrzeitreserve! No problem! Aber „Spaßvögel" wie ich hecken ja immer etwas aus – und diesmal war eben dieser Schaffner „dran"! Ich sorgte dafür, dass der Wasserstand im Kessel relativ niedrig war und rauhte beim Bremsen die Treibräder mit dem Sandstreuer etwas auf. Beim Kommando „Beschleunigen!" aus dem Steuerwagen schob ich den Regler gleich bis zum Anschlag auf, die Steuerung blieb ganz weit vorne, und der Sandstreuer rieselte leicht vor sich hin. Der Zug beschleunigte dadurch wie eine moderne S-Bahn! Der Schaffner schaute zunächst noch wie immer ganz gelangweilt woanders hin, doch wich dieser Gesichtsausdruck kurz darauf blankem Entsetzen, als er erkannte, dass der Zug diesmal außergewöhnlich rasch beschleunigte! Er unternahm nicht einmal mehr den Versuch, aufzuspringen – zwecklos! Stattdessen drohte er mir fluchend mit geballter Faust zur Lok hinauf, als ich mit „wackelndem" Kamin an ihm vorbeidonnerte. Ich meinerseits winkte ihm grinsend zu, bis die Dampfwolke meiner Maschine unseren Blickkontakt vernebelte. Als wir auf der Rückfahrt wieder in der Station Halt machten, stieg er nicht in den Zug ein, sondern kam mit finsterer Miene zu uns auf die Lok. Er war, wie man so sagt, „stocksauer"! Ich schreibe nicht gerne unflätige Schimpfworte, also erfahren Sie, liebe Leserinnen und Leser, leider nicht, was er uns damals alles zu sagen hatte …

Winter 1962/63. Ich war mittlerweile bereits als Planführer eingeteilt. Mein Heizer und ich wechselten uns intern regelmäßig ab. Jeder arbeitete jeweils ein Zugpaar als Führer, das nächste Paar als Heizer, egal, ob schwer oder leicht. Diesmal war ich wieder als Heizer dran. Der Münchner Hauptbahnhof erstickte im Schnee. Unsere erste Fahrt an diesem Nachmittag sollte das Zugpaar P 3631/3632 nach Deisenhofen und zurück sein. Unseren Wagenzug konnten wir gegen 15.15 Uhr aus der Abstellgruppe an den Bahnsteig bringen. Von da ab war im Bahnhof „tote Hose"! Kein Zug kam an – kein Zug fuhr ab. Auch unsere erste Fahrt fiel dem Schneechaos zum Opfer. Der Zug P 3633 um 16.37 Uhr verkehrte ebenfalls nicht. Drei Züge nach Wolfratshausen, die Züge P 2854, 2856 und 2858 – Fehlanzeige! Den Zug um 17.20 Uhr nach Holzkirchen, Schliersee und Bayrischzell gab's nicht! Die Züge nach Holzkirchen –Tegernsee/Lenggries um 16.56 und um 17.30 Uhr – Ausfall! Alle Leute, die in Richtung Holzkirchen wollten, drängten sich nun in unseren geheizten Zug, denn die Warteräume waren hoffnungslos überfüllt. Als sich dann für unsere zweite Zugfahrt, den P 3635, die Abfahrtszeit näherte, beobachtete mein „Heizer im Steuerwagen" einen großen schwarzen Schatten im Gleisfeld: Es waren Schneeräumer, die die Weichen unseres Fahrwegs freischaufelten. Er kam zu mir zur Lok und meinte, dass wir wohl voraussichtlich – vielleicht – demnächst – so Gott will – bald abfahren könnten, weil der Fahrweg einigermaßen freigeschaufelt sei. Daraufhin baute ich ein kräftiges Feuerchen auf. Tatsächlich! – Eine Lautsprecherdurchsage: „Nächste Fahrtmöglichkeit nach Holzkirchen mit Anschluss nach Bayrischzell, Lenggries und Tegernsee in wenigen Minuten von Gleis 5." Unser Zug!

38 4035 überquert am 23. Februar 1965 die verschneite, gut abgesicherte Großhesseloher Brücke. Aufnahme: Karl Ismaier, Sammlung Heinz Skrzypnik

Man hatte mit uns einigermaßen richtig kalkuliert. Um wenigstens einen Zug nach Holzkirchen zu haben, ließ man uns solange am Bahnsteig stehen, damit möglichst viele Leute dorthin mitfahren konnten. So viele Menschen in einem Zug! – So etwas hatte ich seit 1945 nicht mehr gesehen! Überall standen sie – zwischen den Sitzen, im Packabteil, auf den Übergängen, sogar einige „Trittbrettfahrer" (im eigentlichen Sinn des Wortes) gab es. Und das bei der Kälte! Der Vergleich mit der sprichwörtlichen Sardinenbüchse war Realität!

Nach der Durchsage richtete ich, wie gesagt, rasch mein Feuer her, und – man glaubte es kaum – pünktlich um 17.45 Uhr kam der Abfahrauftrag! Ich legte wie immer kräftig los. Meine P 8 stob los, was das Zeug hielt. Durch die zugeschneiten Gleisfelder hinaus auf die Strecke. Doch was war das? Bereits nach kurzer Zeit

Im Juni 1964 steht Franz Eigl mit der Wendezuglok 38 1650 an der Sprechsäule in der Ausfahrt des Bw München Hbf. An der Rückseite des Wannentenders sind die typischen Kupplungselemente der Wendezugloks zu erkennen.
Aufnahmen: Dr. Walter Abriel

bekam ich einen seltsamen Druck auf den Ohren und hatte plötzlich Probleme beim Atmen. Ich riss die seitlichen Führerstandstüren auf, um Luft zu bekommen. Sofort gab es einen Schneesturm im Führerstand. Was war geschehen? Der viele Schnee zwischen den Gleisen schob sich nach der ersten gefahrenen Zuglänge unter dem Aschenkasten und den Luftklappen mit der Folge zusammen, dass die Sauerstoffzufuhr zum Feuer unterbunden wurde. Der lose Schnee auf den Wagendächern flog durch den Fahrtwind zur schiebenden Lok und verstopfte in kürzester Zeit alle undichten Stellen am Langkessel sowie an den Fenstern und Türen, wonach die Luft für die Saugzugwirkung zum Schornstein nur noch über die Feuertüre erfolgte. Dabei erzeugte die starke Strömung einen enormen Unterdruck! Erst, nachdem ich die in Fahrtrichtung hintere Luftklappe geöffnet hatte und die vereisten Wagendächer von Flugschnee freigeweht waren, ging es wie gewohnt weiter. Nach einiger Zeit begriff ich, dass ich beinahe erstickt wäre.

Klar, dass es mal wieder eine „Räuberfahrt" wurde! Doch die Fahrzeit war trotzdem nicht zu halten, denn die Aufenthalte auf den Stationen dauerten jeweils eine kleine Ewigkeit. Endlich waren wir in Holzkirchen! Beim Beobachten des Aussteigens der Reisenden kam es mir vor, als wenn die Wagen um 20 Zentimeter nach oben wachsen würden. Ein Wunder?

Auch bei der anschließenden Rückfahrt nach München war der Zug wieder randvoll besetzt – war doch auch hier in den letzten Stunden kein Zug mehr gerollt!

78 086 im April 1967 vor einem Eilzug München – Holzkirchen kurz vor der Großhesseloher Brücke bei Solln. Auf dieser Strecke war auch „Blasius" jahrelang unterwegs – und ließ sogar durch die schnelle Anfahrt nach einem Halt einen Schaffner auf dem Bahnsteig zurück ...

Das Bw München Hbf aus der Vogelperspektive, aufgenommen im Sommer 1942. Vor der großen Ellokhalle sind Elloks der Baureihen E 80, E 44, E 32 und E 63 zu sehen, während an der Dampflok-Bekohlungsanlage bayerische Länderbahnloks ihre Vorräte ergänzen. Aufnahme: Sammlung Dr. Brian Rampp

Wer Schabernack austeilt …

Wer Schabernack austeilt, muss auch selbst Spass verstehen können! Eines Tages fuhren mein Kollege und ich einmal wieder zum Ausschlacken und Rauchkammerentleeren ins Bw München Hbf. Dort, am Putzgraben, trafen zur selben Zeit auch stets die selben Leute aus den verschiedenen Dienstplänen zusammen. So auch dieses Mal. Die beiden Kollegen, die am Vortag unsere heutige Lok gefahren hatten, standen grinsend am Wasserkran, als wir uns näherten. Irgendwas „lag im Busch"! Die beiden hatten doch irgendwelchen Blödsinn im Kopf?! Wollten sie uns vielleicht die Griffstangen mit schwarzer Schmiere einreiben, oder die Türklinken blockieren, oder möglicherweise wieder mal ein sehr geschmackvolles Käsepapier am Stehkessel verstecken, das bei Erwärmung gut „duften" würde? Nichts dergleichen, sie blieben beide am Handrad des Wasserkrans stehen. Als unsere Lok endlich an die Reihe kam, standen inzwischen sogar gleich sechs Leute am Wasserkran und schauten erwartungsvoll zu, wie der Betriebsarbeiter die Rauchkammertür unserer Maschine öffnete. Die Rauchkammer war ungewöhnlich voll von Flugasche! Alle sechs „Zuschauer" riefen daraufhin „Drescher!", „Heizerschinder!" und ähnlich schlimme Ausdrücke. Nachdem der Arbeiter mit dem Schaufeln begonnen hatte, kam plötzlich ein verbranntes Rosteisen zum Vorschein; dann noch eins, und noch eins, und noch eins …! Einer der beiden Schlingel fotografierte uns oben-

50 975 und davor 50 680 – deren Sicherheitsventile soeben abblasen – im Februar 1966 auf dem Kanal des Bw München Hbf. Aufnahme: Dr. Walter Abriel

Links: Gedränge herrschte stets auf dem Kanal des Bw München Hbf. Nicht nur die Tenderloks der Baureihe 78 – hier 78 301 mit ihren schönen Messingschildern – sind im Jahr 1963 hier beheimatet, sondern auch die Baureihe 86, 86 355 seit April 1960. Diese Lok wird allerdings bereits im folgenden Jahr – am 1. April 1964 – z-gestellt.

Aufnahme: Carl Asmus

Unten: 38 4035 – Franz Eigls Wendezug-P 8 – erhält an der Besandungsanlage des Bw München Hbf frischen „Bremsstoff", nach den flotten Fahrten des „Blasius" natürlich besonders wichtig.

Aufnahme 1958: Sammlung Dr. Brian Rampp

drein, als wir ziemlich blöd dreinschauten! Die Kerle hatten allem Anschein nach am Vortag die Rauchkammer nicht entleeren lassen, sondern dafür alte Rosteisen hineingespickt, nur um uns an diesem Tag für unsere laute Fahrerei zu verspotten! Die Fotos wurden einige Tage später sogar im Informationskasten veröffentlicht. Die ganze Dienststelle blödelte uns daraufhin an. Der Höhepunkt all dieser Frozzeleien war aber, als wir einige Tage später eine Lok im Rundhaus übernehmen sollten. Der Aufseher meinte zu uns: „Wartet noch, eure Maschine ist noch nicht fertig, vielleicht müsst ihr eine andere nehmen! Die Schlosser müssen noch was nachsehen." Wir setzten uns in die Aufsichtsbude, der Aufseher verließ den Raum. Einige Minuten später kam er zurück und sagte zu uns: „Eure Lok wird doch noch fertig!" Wir gingen zur Maschine. Dort war inzwischen das ganze Werkstattpersonal versammelt, zwei Handwerker kletterten demonstrativ auf unsere Lok zum vorderen Teil des Langkessels. Mit blitzblanken Schraubenschlüsseln „überprüften" sie unter höhnischem Gelächter aller Anwesenden, ob denn der Schornstein an der Lok richtig befestigt wäre. Anschließend wurde die Rauchkammertür geöffnet und genauso demonstrativ das kegelförmige Funkengitter untersucht, „damit auch kein Rosteisen aus dem Schornstein fliegen kann."

Als sie wieder runtergeklettert waren, meinte der Aufseher zu uns: „Jetzt könnt ihr die Lok übernehmen – alles paletti!" Leicht genervt stiegen wir auf den Führerstand – und schon gab es eine neue Überraschung: Ein ganzer Berg neuer Rosteisen lag vor der Feuertür am Boden! „Ersatzteile – falls wieder mal welche durch die Rohre hindurch auf wundersame Weise in der Rauchkammer landen sollten!", erklärte uns der Aufseher. Ohne Murren und Knurren legten wir die

Mit Romantik hatte der Betrieb mit Dampflokomotiven nichts zu tun, auch wenn es heute immer wieder so dargestellt wird. Aber gerade wegen – oder besser gesagt trotz – der harten Arbeit mit diesen Maschinen fühlten die Personale eine tiefe Verbundenheit mit ihnen, der sich auch Franz Eigl nicht ganz entziehen konnte. Zu den absoluten Drecksarbeiten gehörte u.a. das Reinigen der Rauchkammern – wie hier bei 01 241, der vormaligen 02 004. Diese Lok war in ihren Würzburger und später Nürnberger Tagen oftmals auch in München zu sehen.

Rosteisen wieder dorthin, wo sie hingehörten, nämlich in ein Regal beim Materiallager. Daraufhin spendierten wir lachend (wie es drinnen aussieht, geht niemanden etwas an!) einen Träger bayrischen Nationalgetränks für die fleißigen Spötter, und der ganze Fall „Loser Kamin + Rosteisenwunder" war abgehakt. Eines muss aber noch gesagt werden: Der Kohleverbrauch bei anderen Kollegen und mir war nachweisbar gleich! Einträge in den Ausgabelisten bewiesen es: gleiche Schicht – gleicher Verbrauch! Natürlich gab es beim Wendezugbetrieb mit Blasius überwiegend normale Alltagsfahrten, denn nicht immer gab es Verspätungen, die aufgeholt werden wollten. Die Fahrzeiten waren ja auch für alle Züge ausreichend geplant und nicht nur für ein paar Leute, die gerne mal „etwas kräftiger" durch die Gegend fuhren. Nur, wie gesagt, bei Verspätungen oder anderen „Anreizen" brach mein Temperament voll durch – bei meinem Heizer übrigens auch. Wir beide waren nun mal ein eingeschworenes Duo! Die

Dass irgend etwas „im Busch lag", war nicht zu übersehen, aber welche Gründe könnten die Frozzeleien der Kollegen haben, sinniert Franz Eigl? Denn Worte wie „Heizerschinder" und „Drescher" belasteten gewaltig das Ehrgefühl eines Lokomotivführers. Das Grinsen des Werkstattpersonals machte allerdings deutlich, dass nicht alles so ernst gemeint war, wie es zunächst den Anschein hatte …

Aufnahmen: GG

nen Heizer aus der Wendezugzeit einfach mit auf die Reisen. Bei den Messzügen gab es manchmal normale Alltagsfahrten, überwiegend aber „besondere Fuhren" wie schwerste Güterzüge entlang des Bodensees, Einstellfahrten für Dieselloks mit hydraulischer Bremse, Hilfslokdienste auf der Schwarzwaldbahn und vieles andere mehr.

Richtigkeit der alten Regel, wonach zwei, die sich gut verstehen, mehr aus einer schlechten Lok herausholen können, als zwei, die sich nicht gut gesonnen sind, aus der besten Lokomotive, können wir nur bestätigen!

In diese Zeit, also in die Jahre 1962/63, fielen auch meine ersten Einsätze als Lokomotivführer auf den badischen IV h 18 316 und 18 319. Als dann die Fahrten auch mit den Loks 50 975 und 45 023 vom Versuchsamt begannen, nahm ich natürlich auch mei-

Auch die Rauchkammer der Mühldorfer 50 043 (oben links) sowie die von Franz Eigls Lok mussten noch gereinigt werden, dann war ein Kasten bayerischen „Nationalgetränks" für die eifrigen Spötter fällig. Dass dieser erst nach Dienstschluss geleert wurde, müsste hier nicht extra erwähnt werden. Für die diensthabenden Personale genügte – vorerst – auch normales Mineralwasser (oben rechts). Aufnahmen:

Dr. Walter Abriel (oben links) und GG

Selbst im gewaltigen Triebwerk der 45 023 (links) hat „Blasius" mal wieder den Schalk im Nacken, als er im Bw München Hbf die Lok für die nächste Messfahrt vorbereitet. Aber wie schon gesagt, wer Schabernack austeilt, muss auch welchen einstecken können – Franz Eigl konnte es!

Aufnahme: Sammlung Franz Eigl

Wer bezahlt den Lattenzaun?

Natürlich wurde bei den Dampfwendezügen trotz der relativ kurzen Fahrtstrecken auswärts übernachtet. Eine Lokmannschaft blieb in Holzkirchen, zwei schliefen in Geltendorf. Die Übernachtung in Holzkirchen dauerte 11 Stunden. Aus diesem Grund musste die Lok gegen zwei Uhr nachts überprüft werden. Diese Aufgabe hatte einer der Heizer, die um diese unchristliche Zeit mit Güterzügen Rangierarbeiten verrichteten. Normalerweise hatte er an der Wendelok nicht viel zu tun; er sah nach dem Reservefeuer, lockerte den dunklen, glimmenden Kohlehaufen ein wenig auf, oder, wenn dieser zu hell brannte, warf er einige Schaufeln nasser „Feinkohle" darauf. Bei Bedarf musste er ein wenig Wasser mit dem Injektor nachspeisen. Meistens genügte aber ein Blick ins Feuer und auf den Wasserstand. Jeder erfahrene Heizer weiß, wie so ein „Ruhefeuer" angelegt wird, das auch eine so lange Zeit durchhält.

Eines schönen Morgens kamen wir wie üblich etwa 45 Minuten vor der Abfahrt zu unserer 38 1748. – Ihr Feuer war erloschen! Wasserstand zwar voll, aber nur drei Atü im Kessel! Sofort setzte Hektik ein – „Äktschn"! Das erloschene Zeug verschwand im Aschkasten – nicht ein Funken war mehr darin. Ölige Putzwolle war vorhanden und Holz zum Aufbau eines Feuers auch – in Form eines Gartenzauns! Nach etwa 10 Minuten war es zwar schon hell in der Feuerbüchse, aber bis der Druck im Kessel angestiegen war, hieß es bereits Abfahrtszeit! Mit 4 atü im Kessel fuhren wir ganz langsam an unseren Zug. Manometer? Rechtsbewegung! Mit fünf atü machten wir eine Bremsprobe, mit 5,5 atü fuhren wir los – mit etwa 20 Minuten Verspätung. Bei etwa 30 km/h Regler zu, Bläser ganz offen. Gut, dass es in Richtung München bergab ging. Bis zur ersten Station, Otterfing, setzten wir zwar zwei Minuten hinzu, aber der Kesseldruck stieg inzwischen auf 8 atü! Dann, von Otterfing nach Sauerlach, sieben Kilometer Gefälle. – Jetzt volle Pulle! – soweit man mit diesem Kessel von „volle Pulle" reden konnte. Rauf mit der Geschwindigkeit auf 75 km/h – Regler zu – Zug rollt alleine bis Sauerlach. Hochgelobt sei der Erfinder des Bläsers! In Sauerlach brannte das Feuer endlich richtig – Wasserstand zwar „ganz unten", aber 11 atü im Kessel, Tendenz steigend! Ab hier begann nun die Aufholjagd, noch hatten wir die Verspätung ein wenig vergrößert. Bis München glichen wir diese paar Minuten und etwa fünf der Abgangsverspätung aus.

Die Münchner Wendezug-P 8 38 4035 im September 1964 in voller Fahrt in Höhe der zwischen Großhesselohe und Deissenhofen gelegenen Kugleralm auf der Strecke München – Holzkirchen (damals KBS 429, heute 956). Aufnahme: Karl Ismaier, Sammlung Heinz Skrzypnik

Wendezeit in München Hbf planmäßig zehn Minuten, wir benötigten nur drei. Interner Arbeitstausch! Abfahrt mit „plus 12 Minuten", wie es amtlich hieß. Mein Heizer hatte mir wie üblich ein Höllenfeuer vorbereitet. Beim Kommando „Beschleunigen" drückte ich den Regler sofort bis zum Anschlag auf und ließ die Steuerung stets so weit ausgelegt, wie es gerade noch ging. Ich drosch, was das Zeug hielt. „Jede Station eine Minute", nahm ich mir vor; es gelang zwar nicht ganz, aber immerhin sechs von acht Verspätungsminuten schaffte ich. Durch eine weitere Wendezeitverkürzung in Holzkirchen konnten wir beinahe wieder pünktlich zurückfahren. Ankunft in München Hbf war dann – wie üblich – eine Minute „vor Plan". Dieser letzte war unser Feierabendzug (auch wenn er vormittags verkehrte).

Als wir ins Bw Hbf einrückten, wurden wir sofort ins „Ermittlungsbüro" gerufen. Wir Lokführer nannten den dort residierenden Kollegen „den Scharfrichter". Sofortige Einvernahme: „Habt Ihr verschlafen?" – „Nein." – „Woher die Verspätung?" – „Lok war beinahe kalt – Feuer erloschen." – „Wieso?" – „Wahrscheinlich wurde die Lok um zwei Uhr nachts nicht nachgesehen." – „Wer muss nachts nachsehen?" – „Ein Heizer aus dem Güterzugplan." – „Kommt in einer halben Stunde noch mal zu mir, um das Protokoll zu unterschreiben. Auf Wiedersehen!"

Dieser „Scharfrichter" genannte Kollege war bekannt für seine Art. Er war, wie man so sagt, „katholischer als der Papst". Als wir nach etwa einer Stunde wieder in sein „Bureau de exécution" kamen, schaute er „amtlich" demonstrativ auf die Uhr. Wir nahmen es wortlos zur Kenntnis und uns viel Zeit, um das inzwischen fertige Protokoll „gaaanz" genau durchzulesen. „Zum Schluss hätten wir noch einen Nachtrag anzumelden, Herr R.: Den Lattenzaun beim Lokomotivschuppen in Holzkirchen müssen Sie noch erwähnen, denn gerade dieser hat die Verspätung auf das Mindestmögliche beschränkt. Gestatten, Herr R., wir haben ihn „aus Notwehr" niedergemacht! Wie sonst hätten wir die Lok neu anheizen können?" – Er war einer Explosion nahe. „Da muss ich ja das Protokoll neu schreiben! Warum habt ihr das nicht gleich gesagt?" – „Herr R., Sie haben uns mit einigen sehr kurzen Fragen zu sehr kurzen Antworten animiert, anschließend sagten sie zu uns: „Auf Wiedersehen!", und wir verabschiedeten uns wunschgemäß, denn wir wollten Ihre wertvolle Zeit nicht länger in Anspruch nehmen." – „Rausss!!!" lautete seine alles umfassende und nachvollziehbare Antwort.

Am nächsten Morgen betraten wir ganz vorsichtig das „Scharfrichterbüro". Das neue Protokoll war fertig, und wir unterschrieben es innerhalb von Sekunden. Wir wussten ja, dass man uns nicht für die Verspätung durch das erloschene Feuer verantwortlich machen konnte. Wenn Blicke töten könnten, wären wir jetzt auf der Stelle gestorben. Dieser Mann konnte einem wirklich leid tun. Weshalb er so – ich sage einfach: bösartig – war, weiß ich nicht. Vielleicht, weil ihn fast alle Lokführerkollegen nicht mochten und ihn gerne voll „an die Wand rasseln" ließen. Natürlich machte ihn das nicht besser – eher noch unangenehmer. Ein Mann ohne Freu(n)de!

Jahre später, als ich einen Zug mit einer E 60 (!), nicht vorgeheizt hatte (die Baureihe kann gar nicht vorheizen!), brachte ich ihn nochmals zur Weißglut – er handelte sich dabei einen Anpfiff von seinem Vorgesetzten ein. Meinetwegen! Wegen eines jungen Lokführers, eines Spaßvogels, der – wie Charlie Brown – nur Unsinn im Kopf hatte!

Was später mit dem Heizer geschah, der offensichtlich die Zwischenwartung an unserer Maschine „unter den Tisch" fallengelassen hatte, weiß ich nicht. Jedenfalls war der Lattenzaun zwei Wochen später wieder in Ordnung …

Der Bahnhof Holzkirchen im September 1968 (oben).

Einige Jahre älter ist die Aufnahme (links), als man von dem bei der Elektrifizierung abgebrochenen Steg aus noch den ganzen Bahnhof überblicken konnte. Im April 1962 hat soeben 78 318 vom Bw München Hbf Ausfahrt mit einem Personenzug. Im Hintergrund ist der zweiständige Lokschuppen zu sehen, in dem bei der im Text beschriebenen 38 1748 das Feuer erloschen war.

Aufnahmen: Slg. Dr. Brian Rampp (oben) und Gottfried Turnwald

Licht- und Schattenseiten gab es für Franz Eigl beim Dienst auf den Heizwagen, die den in Richtung Süden und Norden fahrenden „Italienerzügen" beigestellt wurden. Aufnahme: GG

Heizerdienste bis zum Brennerpass im Jahr 1960

Richtig gelesen!1958/59/60 gab es zur Winterzeit ab und zu mal Heizerdienst im Schnellzug bis zur italienischen Grenze. Wieso? Damals fuhren doch längst alle Züge nach Italien elektrisch! Heizerdienst ja, aber nicht auf Dampfloks, trotzdem komplett mit Kohle, Wasser, Feuer, Schaufel, Dampfkessel und Ruß.

Keine Angst, Ihr Blasius ist nicht meschugge – seine Gehirnmechanik arbeitet immer noch zuverlässig. Es befindet sich noch kein Karies in seinen Denkzahnrädern! Diese Geschichte handelt vom Dienst auf den längst vergessenen Heizkesselwagen.

Diese vierachsigen Wagen sahen aus wie etwas zu kurz geratene Schnellzugwagen aus den dreißiger Jahren. Sie hatten an den Enden ganz normale Einstiegstüren, auf den Längsseiten jeweils vier Fenster und auf einer Längsseite – wie heutige Gepäckwagen – einen Durchgang für Reisende. Faltenbalgübergänge zu den anderen Fahrzeugen gab es auch. Arbeitsplatz des Heizers war der gesamte restliche Raum im Wagen, und der konnte von den Plattformen her beidseitig verschlossen gehalten werden.

Die Wagen besaßen genau über den Drehgestellen große Wasserbehälter und etwa mittig angeordnet einen Kohlevorrat. Das Herz des Wagens war ein kleiner Dampfkessel, der aussah, als stamme er von einer kleinen Rangierdampflok. Aschekasten, Luftklappen, Wasserstandsanzeiger, Sicherheitsventile, alles war wie bei einer Dampflok vorhanden – nur keine Steuerung und kein Regler zum Fahren. Sogar ein Kipprost zum Entfernen der Schlacke war eingebaut. Diese Wagenbauart wurde benötigt, wenn die elektrische Heizung eines Zuges defekt war, überwiegend aber bei ausländischen Reisezügen, deren Heizungseinrichtung nicht mit dem deutschen bzw. österreichischen 16 2/3-Hertz-Strom beheizt werden konnte. Genau dies war aber regelmäßig im Weihnachtsverkehr mit italienischen Gastarbeitersonderzügen der Fall. Da wurden komplette „Italienergarnituren" leer bis ins Ruhrgebiet und anderswohin gefahren, um mit ihnen kurz vor den Ferien tausende von Gastarbeitern in ihre Heimat zu bringen. Nach dem 6. Januar wiederholte sich das ganze in umgekehrter Richtung. Logischerweise mussten diese Züge mit Dampf beheizt werden, denn es waren keine „internationalen" Wagen. So wurden die Heizkesselwagen bereits beim Start der Züge, entweder gleich hinter der Zuglok oder am Zugschluss eingereiht. Sogar bei den damals noch mit Dampfloks bespannten Zügen befanden sie sich im Zug. Sie blieben von Deutschland bis zum Brennerpass im Zug. Personalwechsel war meist in Augsburg, bei Zügen aus Richtung Norden auch mal in Ingolstadt. Die ablösenden Heizer in Richtung Süden waren in der Regel Münchner, die bis zur Rückkehr ins Bw München Hbf im Wagen blieben! Dies konnte sehr lange dauern, denn am Brennerpass wurden die Heizkesselwagen zur Rückfahrt in irgendeinen Güterzug in Richtung München eingestellt.

Je nachdem, wie gründlich und penibel die Grenzabfertigung der Güterzüge am Brennerpass und in Kufstein durchgeführt wurden, konnte die Zeit vom Dienstbeginn bis zum Dienstende durchaus bis zu zwanzig Stunden dauern. Allein vier Stunden Grenzaufenthalt in Kufstein waren keine Seltenheit. Die Güterzüge endeten in der Regel in München Ost bzw. in München Süd, oder aber sie fuhren an München vorbei. Dann war es immer ein Kampf, wenn man im „Münchner Nahbereich" ausgestellt wurde. Man stand dann irgendwo in einem Abstellgleis und wartete, bis man von der „Einsatzlok" aus München Laim – meist eine E 75 – abgeholt und von ihr ins Bw München Hbf geschleppt wurde. Wenn man Pech hatte, war die Lok anderweitig unterwegs, so dass man „kurz vor der Haustür" nochmals eine kleine Ewigkeit auf den Feierabend warten musste. Natürlich waren auch Einsätze in der Gegenrichtung, also ohne Heizen zum Brennerpass und von dort aus dann manchmal bis „weit in deutsche Lande hinein" nach Neujahr angesagt. Ich kam einmal sogar bis Köln! Dies ergab sich aus den riesigen Verspätungen, die Gastarbeiterzüge in dieser Relation meist hatten.

Ärgerlich war es für die in den Heizwagen eingesetzten Personale, wenn ihr Fahrzeug zu Rücküberführungen Güterzügen beigestellt wurde. Diese endeten in der Regel in München Ost oder Süd bzw. irgendwo in der Umgebung Münchens. Dann stand man eine Ewigkeit auf irgend einem Abstellgleis herum, bis endlich die „Ersatzlok" in Form einer E 75 aus München dahergerollt kam und den Wartenden mit seinem Heizwagen nach Hause brachte. E 75 05 am „Schwarzen Weg" im Vorfeld des Bw Münchn Hbf, Sommer 1965.

Aufnahme: Dr. Walter Abriel

Mein erster Einsatz auf so einem Heizkesselwagen war glücklicherweise an einem relativ warmen Wintertag. Ich meldete mich zum Dienst. Es war gegen 21 Uhr. Mein Lokleiter sagte zu mir: „Blasius, du fährst nicht außer Dienst zum Ablösen nach Augsburg. Geh' gleich runter vor die Ellokhalle. Dort stehen eine E 17 und ein Heizkesselwagen startbereit für dich nach Augsburg." Dies war mir gar nicht ungelegen, denn so konnte ich den Wagen richtig inspizieren und brauchte nicht gleich die volle Heizleistung abzugeben. Die E 17 musste wegen einer Reparatur in ihre Augsburger Heimatdienststelle und der Heizkesselwagen aus Dortmund sollte in Augsburg ausgestellt werden, weil er ebenfalls einen Schaden hatte. So fuhr ich in dem ungewohnten Gefährt nach Augsburg. Ich hatte mich inzwischen mit den Bedienungshandrädern und Hebeln des Heizkessels angefreundet und war eigentlich nicht mehr so unsicher, als mein Wagen am Zugschluss an den Zug gehängt wurde. Eine spezielle Ausbildung für Heizkesselwagen gab es übrigens nicht.

Der Zug war aus zwölf italienischen Wagen gebildet. Nach dem Ankuppeln öffnete ich bei halbem Wasserstand im Kessel (!) das Heizungsventil. Dies war schon mein erster Fehler! Der Wasserstand war sofort auf den niedrigsten zulässigen Punkt abgesunken – mit der Tendenz nach unten. Daher musste ich sofort kaltes Wasser nachspeisen, mit dem Erfolg, dass der Kesseldruck ebenfalls stark absank. Der Zug begann seine Fahrt. Der Heizwagen befand sich an der Spitze hinter der Lok, und der Fahrtwind fachte endlich mein Feuer richtig an. Ich hatte große Mühe, den vollen Druck im Kessel und auch in der Zugheizleitung zu erreichen. Mein zweiter Fehler war, dass ich auch das Feuer erst bei Heizbeginn aufbauen wollte. Es dauerte bis ins Inntal – also etwa 100 km weit – bis ich meinen Dampfmangel (in Bayern heißt das: „Spinatschieben") einigermaßen im Griff hatte. Gut, dass es nicht besonders kalt war, denn der vorderste Wagen begann erst nach einer Stunde zu heizen. Ab Kufstein bis hinauf zum Brennerpass hatte ich die Lage aber „voll im Griff". Bei dieser meiner ersten Fahrt hatte ich großes Glück. Die Zuglok aus Deutschland brachte mich sofort als Alleinfahrt wieder zurück in meine Heimatdienststelle – Ausbleibezeit nur etwa 14 Stunden. Eine andere Fahrt nur wenige Tage später war aber für die vielen Fahrgäste eine Katastrophe.

Ich fuhr außer Dienst nach Augsburg und löste einen Kollegen aus dem Ruhrgebiet ab. Der erklärte mir, dass er den Zug einfach nicht warm bekäme und die vielen Italiener im Zug bereits bei je-

Zusammen mit der wegen eines Schadens ausgestellten und in ihr Heimat-Bw Augsburg zurückzuführenden E 17 fuhr Franz Eigl in seinem Heizwagen nach Augsburg. Unterwegs hatte er Gelegenheit, sich mit dem ungewöhnlichen Gefährt einigermaßen vertraut zu machen.

Aufnahme: GG

dem Aufenthalt schimpfend und drohend zu ihm in den Wagen kämen. Ich solle unbedingt die Übergangstür verrammeln, damit sie nicht noch während der Fahrt zu mir in den Wagen dringen könnten. Die Nacht war hundekalt, und es hatte geschneit. Die Sicherheitsventile am Kessel waren kurz vor dem Abblasen, der Heizungsdruck stand ebenfalls auf höchstem Wert. Vorsichtshalber kontrollierte ich auch den Umstellhahn für die Dampfabgabe in Richtung vorwärts und rückwärts – alles in Ordnung. Für mich stand eindeutig fest: Ab dem zweiten Wagen sind die Heizleitungen eingefroren! Minus 10 Grad Celsius schon in Augsburg – wie kalt wird es dann erst am Brenner sein? Die armen Fahrgäste in den hinteren zehn Wagen! Ich meldete dem Aufsichtsbeamten in Augsburg, dass der Zug nicht geheizt werden könne und forderte einen Austauschzug an. Mehr konnte ich nicht tun. Aber woher sollte man so rasch eine ganze Zuggarnitur hernehmen – so etwas kann niemand aus dem Ärmel hervorzaubern. So rollte die eiskalte Wagenkolonne mit ihren etwa tausend frierenden Gastarbeitern gen Süden.

Während des Grenzaufenthaltes in Kufstein hörte ich plötzlich splitterndes Holz. Die verbarrikadierte Tür öffnete sich, und herein kamen einige sehr bedrohlich dreinschauende Herren vom Typ „Al Capone". Ich rechnete mit dem Schlimmsten und machte im Geiste mein Testament. Als „Verteidigungswaffen" hatte ich ja nur meine Kohlenschaufel und die Kohlebrocken. Die Herren schimpften äußerst lautstark auf mich ein. Es fielen Ausdrücke wie fannulloni, puzzare cane, scandalo il treno freddo und immer wieder freddo, freddo, freddo! – Natürlich wusste ich, was die Leute wollten. Ich war ja schon froh, dass sie nur schimpften und keiner ein Messer oder gar eine „Puste" in der Hand hielt.

Mein Gehirn legte sofort sein Getriebe auf den italienischen Gang um: „Jo basta vapore – io avere maltissimo vapore – vagone carrozza numero uno e due multo caldo. Io no dispettoso! Carrozza – vagone tre riscalda – mento tubazione – ghiacciare – gelato". Die Leute verstanden meinen sprachlichen Unsinn. Einer von ihnen, der Deutsch konnte, redete vernünftig mit mir. Ich führte ihn zur Kuppelstelle zwischen dem zweiten und dem dritten Wagen, entkuppelte die Heizverbindung und demonstrierte ihm, welch hoher Druck sich in der Leitung befand, indem ich den Absperrhahn des zweiten Wagens voll öffnete. Dies wirkte Wunder. Die bedrohlich wirkenden Gestalten waren überzeugt, dass ich ihnen die Wahrheit gesagt hatte. Daraufhin hörte ich was von „carrozzella" und „bambinis, donna et signoras", nochmals „freddo in vagone – caldo qui". Auf gut deutsch – können wir mit Frau und Kindern zu dir in den Heizwagen kommen? Klar, dass ich da nicht nein sagen konnte. So waren wir ab Kufstein eine große italienische Gemeinde im warmen Heizkesselwagen. Vier Kinderwagen standen auf den großen Wasserbehältern, und rund um den Langkessel lehnten Mamas, Papas und Bambinis und wärmten sich so richtig durch. Eine Mama ließ sich von mir die eingefrorene Milchflasche auftauen! So kalt war es im Zug! Es kam nach und nach sogar ein Hauch von Gemütlichkeit in unserem nüchternen Fahrzeug auf. Eine der Papas reichte plötzlich eine „Bottiglia" mit rotem Inhalt von Hand zu Hand. Rasch verging die Zeit bis zum

Auf solch einem Einheitsheizkesselwagen tat Franz Eigl Dienst. Diese Wagen dienten bei der DB noch bis Anfang der achtziger Jahre zum Heizen von Reisezügen, deren Zuglok keine Heizung besaß. Zwei der letzten Exemplare, die Wagen 50 80 79-43 580 und -40506, stehen am 27. September 1981 in ihrem Heimatbahnhof Ludwigshafen (Rhein).
Aufnahme: Manfred Traube

Die am 28. Juli 1983 im AW Nürnberg stehenden Heizwagen (oben) dienten als Belastungsfahrzeuge zur Abnahme neuer bzw. frisch ausgebesserter Lokomotiven. Zuständig für die Unterhaltung der Heizwagen war das AW Limburg (Lahn), unten ein ausgebauter Heizwagen-Dampfkessel. Aufnahmen: EAW (oben) und Franz Eigl

Innsbruck Hauptbahnhof, 21. September 1968. Soeben ist 110 147 vom Bw Köln-Deutzerfeld mit einem Schnellzug nach Italien eingefahren. Interessant ist der hinter der Lok eingestellte Gruppe 35-Schlafwagen der Gattung WLAB4ü-35, den das Bild unten großformatig vorstellt. Ein Heizwagen wird um diese Jahreszeit allerdings noch nicht benötigt.

Brennerpass. Leider musste ich die gemütliche Runde dort auflösen und die „famiglias" wieder in ihre eiskalten Wagen umsteigen lassen. Ob dann die vagonas wenigstens in Verona wieder warm geworden sind, bezweifle ich, denn einen fahrenden Zug, noch dazu bei 18 Grad Kälte, wieder warm zu bekommen, dauert sehr lange. Als mein Heizwagen dann in Brenner abgekuppelt und von der Rangierlok an meinem Zug vorbeirangiert wurde, sah ich, dass die ersten beiden Wagen total überbesetzt waren, dagegen in den zehn anderen die Leute frierend in den Abteilen stampften und sich mit den Armen Bewegung zu verschaffen suchten. Wenn Blicke töten könnten, wäre ich bei der Vorbeifahrt mindestens tausendmal tot umgefallen!

Zur Rückfahrt nach München wurde ich in einen Güterzug nach Stuttgart eingereiht. Dieser musste in München Süd einige Wagen abstellen, unter anderem nun auch meinen. Ich legte ein Reservefeuer an, um nach der Abfahrt auf dem im Wagen vorhandenen Dienstb(r)ett – ein Ding von etwa 1,80 cm Länge und 50 cm Breite – Schlafen zu können. Die Spannung durch die armen Italiener war vorüber, der Wein tat seine Wirkung, und die Uhrzeit regte durchaus zum Schlafengehen an, es war nämlich vier Uhr morgens. Ich schlummerte selig – vom Grenzaufenthalt in Kufstein bemerkte ich nichts.

Als ich kurz vor Rosenheim erwachte, war mir kalt. Ich schaute nach meinem Feuer – aus! Im Kessel nur noch ganz wenig Wasser, und der Druck stand auf zwei Atü (heute heißt es: bar). Jetzt erkannte ich meinen dritten „Heizkesselwagenbedienerfehler": keine Zündhölzer, kein Kleinholz, keine ölige Putzwolle, kein Papier, keine Kartons – nichts da, womit man Feuer machen könnte! Der vierte Fehler war auch schon in mich übergegangen – keine warme Kleidung und Schuhe. Der dicke schwarze Wintermantel und die Filzstiefel, die uns zur Verfügung gestellt wurden, standen im schönen warmen Umkleideraum des Bw München Hbf in meinem Spind. Ich setzte mich an die Feuertür und versuchte, aus den „letzten Funken" des Reservefeuers wieder Flammen zu erwecken. Versuchte (!!) – aber leider ohne Erfolg. Was sollte ich tun? In etwa einer Stunde treffen wir in München Süd ein! Alle Klappen zu – Bläser zu – Heizabsperrhahn zu (der war ganz leicht offen, damit nichts einfrieren konnte) und hoffen, dass nicht ein-

tritt, was man sich wünscht – in diesem Fall das recht lange Warten auf eine Lok, die meinen Wagen in München Süd abholt. Es war nämlich unsere Pflicht, die Wagen immer betriebsbereit ins Bw zurückzubringen.

Der Teufel hilft seinen Leuten – aber er holt sie sich auch! In München Süd fand ich alles, was ich brauchte – schließlich ist er Münchens „Lebensmittelbahnhof" – insbesondere für Obst und Gemüse. Obstkisten gab es hier in jeder Menge, einen großen Abfallhaufen mit Kartons und eine Kanalbaustelle mit vielen Bauholzabschnitten. Ich ramschte so viel ich konnte in den Wagen, und ein Rangierer spendete mir dazu die Zündhölzer. Übrigens, wir bekamen damals auch Dienstzündhölzer – leider befanden sich aber auch diese in meinem Spind – wer denkt schon daran, dass das Feuer im Kessel erlöschen könnte?

Die Kartons brannten bald, die Obstkisten auch und danach das Bauholz. Später kam noch etwas Kohle darauf – und schon gab es die ersehnte „Manometer-Rechtsbewegung". Als dann die Einsatzlok endlich kam, war wieder alles in Ordnung, bis auf eine Kleinigkeit. An den splitternden Obstkisten verletzte ich mich an einem Finger. Ich konnte den Holzspan nicht selbst entfernen, das besorgte später der Lokleiter. Wie sagte ich vorhin? Der Teufel hilft seinen Leuten, aber ... Der Lokleiter spöttelte dann auch, ob

In den siebziger und achtziger Jahren änderte sich das Erscheinungsbild der Züge. Auch in Italien lösten moderne Wagen die alten ab, und neue, hellere Farben gaben den Zügen ein freundlicheres Aussehen. Am 23. August 1983 verlässt ein aus verschiedenen Lackperioden gebildeter FS-Schnellzug München Hbf in Richtung Süden. Der Zug ist jedoch weniger mit „Gastarbeitern" als vielmehr mit Italien-Urlaubern besetzt.
Aufnahmen (3): GG

ich mich vielleicht am Kopf gekratzt hätte! Einige Tage später habe ich mich mit einem Heizer der alten Garde über das Thema Heizkesselwagen unterhalten. Er gab mir folgende Tips:

1. Mach die Heizung erst auf, wenn der Kessel randvoll mit Wasser ist und die Sicherheitsventile kurz vorm Abblasen sind.

2. Bei Heizbeginn muss bereits jede Menge Feuer auf dem Rost liegen.

3. Nimm beim Ausrücken aus dem Bw stets Kleinholz und ölige Putzwolle mit. Wenn schon vorhanden, lass es liegen; wenn du es verbrauchst – ergänze es für deinen Nachfolger!

4. Nimm warme Sachen, genügend zu futtern und zu trinken mit; es kann eine unerwartet lange Dienstschicht werden.

Er bestätigte meine Fehler – Erfahrungssache. Ich hab mich in der Zeit, in der ich „auf Heizkessel" fuhr, an die Ratschläge bzw. an meine eigenen Fehler erinnert und hatte keine Probleme mehr mit diesen Fahrzeugen. Doch ein Problem trat öfters auf – der Kohlenvorrat war verbraucht, so dass ich daher ab Innsbruck bis hinauf zum Brennerpass nicht mehr heizen konnte. In diesem Fall wurden das Feuer gelöscht und der Wasservorrat (viel war's ohnehin nicht mehr!) entleert. Wo kein Feuer ist, bricht kein Brand aus und wo kein Wasser ist, friert auch nichts ein. Also brauchte ich auch nicht weiter im Wagen auszuharren und fuhr mit einem Schnellzug nach München zurück.

Später bekamen die Wagen anstelle des Dampflokkessels eine Heizeinrichtung, wie sie verschiedene Dieselloks bis heute haben. Natürlich ölgefeuert. Nachdem ich aber kein Diesellokführer war, durfte ich diese Heizkessel auch nicht bedienen. So war die Zeit der Heizkesselwagen-Fernreisen für mich vorüber. Als Ersatz dafür kam ich nur ein Jahr später im Auftrag des Versuchsamts wieder auf Dampfloks quer durch Deutschland zum Einsatz.

Heute benötigt man keine Heizwagen mehr, denn alle Reisezugwagen, die international eingesetzt werden dürfen, „verdauen" Strom aus allen europäischen Lokomotiven. Die meisten Wagen können heutzutage sogar gar nicht mehr mit Dampf geheizt werden, denn die rost- und frostanfälligen Leitungen und Holzkörper sind ausgebaut bzw. bei neueren Wagen erst gar nicht mehr eingebaut worden.

Dieses Manko zeigt sich heute überwiegend noch bei Nostalgiedampfzügen an kalten Tagen! Es sind inzwischen auch nur noch wenige Eisenbahner mit Kenntnissen der alten Heizungsanlagen im Dienst, und wer weiß noch, dass man die Dampfheizung beim Umspannen des Zuges auf Ellok oder Abstellen des Wagenzugs kräftig mit Druckluft durchblasen muss? Dieser Vorgang (Durchblasen!) war mit Sicherheit die Ursache für die eingefrorene Leitung bei dem Italienerzug gewesen. Wäre er zuverlässig durchgeführt worden, hätte ich heute vielleicht eine Geschichte weniger zu Papier gebracht. Hier noch ein kurzer Italienischkurs:

caldo/freddo	=	warm/kalt
cane	=	Hund
carrozza	=	Fahrzeug
carrozzella	=	Kinderwagen
dispettoso	=	boshaft
donna	=	Frau/Mutter
famiglia	=	Familie
fannullone	=	Faulenzer
fare	=	machen
ghiacciare	=	gefroren
gelato	=	Eis
il	=	der
io	=	ich
molto/basta	=	sehr viel/genug
no	=	nein
puzzare	=	stinkend
qui	=	hier
riscaldamento	=	Heizung
singnoras	=	Frauen
tubiazone	=	Rohrleitung
vagone	=	Wagen.

Marienzeit – Wallfahrtszeit

In meiner Dampflokführerzeit zwischen 1958 und 1962 hatte ich einmal einen Marienwallfahrtszug zu fahren. Dieser Sonderzug war für die braven Katholiken des Landkreises Dachau bestimmt. Ziel dieses Zuges war Altötting.

Dieser Sonderzug war folgendermaßen geplant: 50 2994 vom Bw München Hbf fährt als „Lokfahrt" nach Pasing West. Dort übernimmt sie einen Wagenzug, bestehend aus 20 Umbau-Dreiachserwagen B3yg, und bringt diese leer nach Dachau. Dort werden acht Wagen abgehängt. 50 2994 fährt mit den restlichen zwölf Wagen – ebenfalls leer – weiter nach Petershausen (Oberbayern).

Eine andere Lok, die bayerische G 3/4 H 54 1703, fährt als Lokfahrt nach Dachau, übernimmt dort die abgehängten acht Wagen und bringt diese leer nach Altomünster. In Petershausen und Altomünster umfahren beide Loks ihre Wagengarnituren und ziehen sie zurück nach Dachau. Unterwegs lassen sie auf allen Stationen die Gemeindemitglieder zusteigen. In Dachau werden die beiden Zugteile wieder vereinigt, indem 54 1703 ihre acht Wagen nochmals umfährt und diese anschließend an den Petershausener Zug ansetzt. 54 1703 wird abgehängt und fährt wieder als Lokfahrt nach München zurück. 50 2994 befördert die nun wieder 20 Wagen nach München. Dort Lokwechsel – und eine andere Lok bringt den Zug nach Altötting.

Meine Aufgabe bei dieser Wallfahrt betraf den Zugteil mit 54 1703. Mit unserer guten alten bayerischen Länderbahnlokomotive dampften mein Heizer und ich wie vorgesehen Tender voraus als Lokfahrt nach Dachau. Dort angekommen, warteten und warteten wir auf den Leerzug, von dem die für unsere Altomünster-Fahrt vorgesehenen acht Wagen abgehängt werden sollten. Etwa zehn Minuten nach unserer planmäßigen Abfahrtszeit in Richtung Altomünster traf er dann endlich ein. Schnell wurden die acht Wagen abgekuppelt, und schon dampfte 50 2994 in Richtung Petershausen ab. Kaum waren die Weichen freigefahren, setzten wir uns an die stehengebliebene Wagengarnitur. Ankuppeln – Heizkupplung verbinden – Bremsprobe, alles verlief routinemäßig rasch. Mit ca. 20 Minuten Verspätung ab Dachau rauschten dann auch wir in den sehr frühen Maiensonntag hinaus in die Landschaft, die der Schriftsteller Ludwig Thoma so herrlich beschrieben hat (die Strecke Dachau – Altomünster wird auch nach ihm „Ludwig-Thoma-Bahn" genannt). Die Strecke ist genau 30 Kilometer lang, die zulässige Höchstgeschwindigkeit beträgt die für Nebenbahnen zugelassenen 50 km/h; 54 1703 darf Tender voraus ebenfalls 50 km/h fahren. Man kann folgende Rechnung aufstellen:

3.600 Sekunden: 50 km/h ergibt genau 72 Sekunden pro Kilometer. 72 Sekunden x 30 km ergibt genau 2.160 Sekunden.

2.160 Sekunden: 60 ist bei konstant 50 km/h ganz genau 36 Minuten Fahrzeit.

Anfahren und Bremsweg, langsame Ausfahrt aus Dachau und Einfahrt mit 30 km/h in den Bahnhof Altomünster sind dabei noch nicht eingerechnet. Die Fahrzeit, die uns für die Strecke nach Fahrplan zur Verfügung stand, betrug aber insgesamt nur 31 Minuten. Dies entspricht einer Durchschnittsgeschwindigkeit von 60 km/h. Als Wendezeit in Altomünster hatte man acht Minuten eingeplant. Diese Zeit ist sehr knapp, wenn man weiß, dass der Zugführer erst die Weichenschlüssel aus einem Schlüsselschrank entnehmen, zum Umfahren alle entsprechenden Weichen aufsperren, umstellen, zurückstellen und wieder verschließen, anschließend wieder alle Schlüssel im Schlüsselschrank deponieren muss, damit er den Schlüssel für den Schlüsselschrank wieder aus dem Schloss bekommt. Den sogenannten Streckenschlüssel bekommt der Zugführer in Dachau beim Fahrdienstleiter – und hat ihn dort auch wieder abzugeben.

In Dachau, das durch sein Konzentrationslager in nationalsozialistischer Zeit traurige Berühmtheit erlangte, ist am 5. August 1960 eine Münchner 50 mit einem Wallfahrts-Sonderzug angekommen.
Aufnahme: Sammlung Dr. Brian Rampp

Mein Heizer – mit gleichem Temperament wie ich – schaute zu mir herüber. Er deutete auf den Tachometer und schaute auch auf die Uhr. Wir waren uns sofort einig: „Der Tacho stimmt doch nicht!" Er warf „ein" Kohlestückchen mehr in die Feuerbüchse, und ich drehte die Steuerung um „einen" Zacken weiter nach vorne (was in dieser Fahrtrichtung rückwärts heißt). Auf diese Weise wurde aus unserem Nebenbahnleerreisezug beinahe ein Schnellzug. Ich spielte meine Streckenkenntnis voll aus. Bei schlechter Gleis- bzw. Weichenlage einiger Stationen und an wichtigen Bahnübergängen nahmen wir vorsichtshalber dann aber doch an, dass der Tacho stimmen könnte.

Als wir an den letzten vier Stationen mit wackelndem Kamin vorbeidonnerten, standen unsere Fahrgäste bereits an den Bahnsteigen. Sie beteten! Vielleicht auch für uns?!

50 2994 (rechts), eine der Zuglokomotiven der Wallfahrtszüge, hält im Juni 1964 an der Sprechstelle am „Schwarzen Weg“, wo sich auch heute noch die Loks beim Bw München Hbf an- bzw. abmelden. 54 1703 (unten), im August 1963 im Vorfeld ihres Heimat-Bw München Hbf aufgenommen, war die von Franz Eigl geführte Lok des zweiten Wallfahrtszuges.

Aufnahmen: Dr. Walter Abriel und Slg. Heinz Skrzypnik (unten)

Wir schafften die Strecke in knapp 26 Minuten. Der flinke Zugführer und sein Schaffner halfen gemeinsam, die Wendezeit etwas zu verkürzen. Mit nur noch zehn Minuten Verspätung verließen wir äußerst lautstark Altomünster. Diesmal aber Kamin voraus. Als Fahrplan hatte man uns einfach die Zeiten der normalen Personenzüge gegeben, die etwas unter einer Stunde betrugen und auf allen zehn Unterwegshaltestellen jeweils eine Minute Aufenthalt vorgaben.

Nun, wenn ein ganzer Landkreis mit der Bahn nach Altötting fährt, ist natürlich jeweils ein ganzes Dorf samt Pfarrer, Ministranten, Messner, Lehrer und Gemeinderat mit von der Partie. Logischerweise wollen sie dann auch im Zug beieinander sitzen, und hierzu „müssen“ sie auch alle an einer einzigen Türe einsteigen, auch wenn der Zug 16 davon hat. Nicht einmal die nur einen Meter entfernte Tür des Nachbarwagens wird benutzt, selbst wenn der Schaffner darum bittet. Mir war bekannt, in welchen Wagen die verschiedenen Dorfgemeinschaften einsteigen sollten, und daher bremste ich praktisch metergenau den jeweils richtigen Wagen zur einsteigenden Gruppe am Bahnsteig. Aber wenn ein halbes Dorf an nur einer Tür einsteigt und dieses dann auch noch aus älteren Personen besteht, dauert so ein Aufenthalt wesentlich länger als bei einem Berufsverkehrszug. Unsere gutmütige 54 1703 gab alles, was der Kessel und das Fahrwerk erlaubten, und das war nicht wenig. Natürlich nahmen wir erneut an, dass der Tacho nur

an ganz bestimmten Streckenstellen richtig anzeigte. Kurzum, in Dachau hatten wir trotz der vielen Fahrgäste – etwa 500 Personen – nur noch fünf Minuten Verspätung. Sofort nach der Ankunft wurde abgehängt und der Zug umfahren. Wir mussten ja unsere Wagen an den Zugteil, der nun ebenfalls jeden Moment voll besetzt aus Petershausen erwartet wurde, wieder hinten anhängen. Doch wo blieb denn diese Eisenbahn? 50 2994 war doch eine zuverlässige Lok. Und die Strecke Dachau – Petershausen ist doch noch kürzer als die nach Altomünster? Auch gab es dorthin nur drei Zwischenstationen. Der Aufenthalt des Zuges in Petershausen war so lange, dass er allein dadurch seine 20 Minuten Verspätung aus der Hinfahrt problemlos hätte wieder ausgleichen können.

Lokmänner ihr unvorhergesehenes Anhängsel zunächst nicht. Doch mit unserer Hilfe erreichte der Zug sehr rasch immerhin 75 km/h! In Allach, in der Weichenfahrstraße, erkannten sie uns. Der Heizer winkte drohend mit Faust und Kehrbesen nach hinten.

In München-Laim war dann Lokwechsel – 50 2994 fuhr sofort in Richtung Bw München Hbf – und als dann der Zug mit einer anderen Lok in Richtung Altötting abfuhr. rollten wir ebenfalls ins Bw. Beim Ausschlacken und Wassernehmen trafen wir die Lokmannschaft dann persönlich. Der etwas ältere Lokführer, der den Fahrplanfehler des Altomünster-Express erkannt hatte, fragte uns, ob wir denn wirklich in Altomünster gewesen seien, weil wir doch so unerwartet rasch wieder in Dachau angekommen waren.

Vor Sonderzügen wurden die bayerischen G 3/4 zwar regelmäßig eingesetzt, aber solche Züge wie auf diesem Bild beförderten sie nur als Leergarnituren. Hier läuft 54 1716 am 30. März 1956 an der Blockstelle Dn vorbei in den Münchner Hauptbahnhof ein.
Aufnahme: Carl Bellingrodt/EK

Der Fahrdienstleiter beauftragte uns, wieder ein Stück in Richtung Altomünster zu rangieren, damit wir sofort nach Ankunft des anderen Zuges unsere acht Wagen hinten anhängen konnten.

Einige Minuten später traf dieser dann auch endlich ein. Ganz gemütlich langsam rollte er an uns vorüber. Als der Lokführer uns in Warteposition sah, wurde er bleich. Er traute seinen Augen nicht, das konnte doch nicht wahr sein – aber wir mit unserer „altbayrischen Schnellzuglok G ¾ H“ waren wirklich schneller wieder von Altomünster zurückgekommen, als er es auch nur im Traum für möglich gehalten hatte! Die beiden auf der 50 2994 hatten sich Zeit gelassen, weil doch der „Ludwig-Thoma-Express“ (also wir) mit seiner müden, lahmen 54 1703 hin und zurück „mindestens – wenn nicht länger“ unterwegs sein musste. Nachdem der Zug nach Altötting mit all seinem „betenden Inhalt“ wieder vereinigt war, sollten wir unsere Lok abhängen und als Lokfahrt im Blockabstand alleine nach München ins Betriebswerk fahren. Doch dummerweise, rein zufällig (?), oder warum auch immer ließ sich unsere Lok nicht abkuppeln. Zufälligerweise befand sich an unserem Tender sogar eine Schlussscheibe! Wer die wohl so früh schon hingehängt hatte?

Als der Abfahrauftrag an die 50 2994 gegeben wurde, schoben wir einfach mit los. Zwanzig B3yg schafft eine 50er spielend alleine – aber 80 km/h auf den nur 7 Kilometern bis Allach erreichte sie doch nicht. Bei der Abfahrt bemerkten die beiden vorderen

Er drohte mir dabei mit dem Finger. Dann fragte er noch, warum wir uns in Dachau nicht, wie vorgesehen, abgehängt hätten. Nun, da sagte ich die Wahrheit:

„Fährst du Lz zum Bahnhof Laim,
kommst du bestimmt verspätet heim,
hängst du am Personenzug,
bist du zu Hause wie im Flug!“

So war's auch, nur – dass man einer G ¾ gut und gerne auch mal 75 km/h zutrauen kann, konnte er nicht recht glauben, obwohl er es, wenn auch unfreiwillig, nun persönlich erlebt hatte. Ein Nachspiel zu dieser Fahrt gab es dann aber doch noch. Kein technisches und kein disziplinarisches – ich klemmte mir die Fahrplanunterlagen unter den Arm und besuchte den Sachbearbeiter, der sie produziert hatte. Dieser war doch etwas erstaunt, dass jemand in sein Büro kam und eine handfeste Reklamation vorlegte! Ich ließ ihn die oben dargelegte Rechnung wiederholen und siehe da – er kam natürlich zum gleichen Ergebnis wie ich. Anschließend erklärte ich ihm, wie das bei Wallfahrtszügen mit dem Ein- und Aussteigen in der Realität aussah. Er gelobte Besserung, und wir verabschiedeten uns in freundlicher Atmosphäre, denn auch er war froh, dass solch ein Fehler nicht unbedingt auf dem Dienstweg beanstandet werden muss.

Am 20. Juni 1957 steht die Münchner 78 301 am Prellbock des Holzkirchener Bahnhofs in München vor dem Zug nach Lenggries. Aufnahme: Kurt Eckert, Sammlung Joachim Claus

Der verpasste Haltepunkt

Da gibt es noch eine Episode, an der ich zwar nicht direkt beteiligt war, die aber trotzdem erzählenswert ist. Auch hier wurde ein Lokomotivführer abgelöst, zwar nicht wegen einer Verletzung, sondern weil er etwas getan hatte, das überall Heiterkeit und Gelächter auslöste. Vielleicht auch bei Ihnen, liebe Leserinnen und Leser. Ich musste ihn bis zur Klärung der Sachlage vertreten – sein Heizer blieb in Dienst.

Ich stand mit meiner Lok im Münchner Hbf am Prellbock. Es war der Montagmorgen des 26. September 1966, etwa 7.00 Uhr früh. Am Nachbargleis fuhr ein Zug mit einer Lenggrieser und Tegernseer Wagengarnitur ein – als Lok wie immer eine preußische T 18 – an diesem Tag 78 222. Der Zug näherte sich ganz langsam und vorsichtig dem Prellbock. Ich schaute rüber, um zu sehen, wer hier wieder mal einen „nicht gut zu bremsenden Zug" am Ha-

Aus Holzkirchen kommend, fährt 78 222 in München Hbf ein. Franz Eigls Kollege, ein erfahrener Lokführer, fuhr am 26. September 1966 mit dieser Lok und dem dazugehörenden Personenzug – der als erster offizieller Zug an dem neuen Haltepunkt „Siemenswerke" halten sollte – vorbei! Ein Lapsus im Betriebsgeschehen, aber für einen Lokführer eine unverzeihliche Katastrophe.

Aufnahme am 26. September 1966: Dr. Walter Abriel

Der offizielle Eröffnungszug zur Einweihung der Münchner Siemenswerke mit E 41 008 am 26. September 1966 in München Hbf. Während Münchens Oberbürgermeister Hans-Jochen Vogel vor dem gesamten Siemens-Vorstand und den geladenen Gästen seine Festrede hielt – kräftig unterstützt von der Blasmusik – rauschte Franz Eigls Kollege mit seiner 78 an der Festgesellschaft und den am Bahnsteig wartenden Pendlern fröhlich pfeifend vorbei … Aufnahmen: Sammlung Dr. Brian Rampp

ken hatte, oder welcher Anfänger da seiner „Prellbockangst" Ausdruck verlieh. – Ich möchte aber ausdrücklich darauf hinweisen, dass die Züge schon gut bremsten, es haperte aber hin und wieder mit der Feinabstufung zu einem Gleisabschluss! Diese wurde durch die unterschiedlichen Bremsbauarten der einzelnen Wagen verursacht. Der Lokführer dieses heranschleichenden Zuges war Fritz F., ein guter alter Bekannter, bei dem ich schon öfter als Heizer eingesetzt war. Er hätte vom Alter her leicht mein Vater sein können, war also ein erfahrener Lokführer. Normalerweise fuhr er mit seinen Zügen immer äußerst forsch an die Prellböcke heran. Ich erkannte an seiner Mine, dass mit ihm etwas nicht stimmte. Auch sein Heizer, sonst ein fröhlicher Kamerad, war, wie man so sagt, restlos am Boden zerstört.

„Fritz, was ist los mit Dir?", rief ich von Führerstand zu Führerstand hinüber. „Blasius, stell Dir vor, unser Zug war heute der offizielle Eröffnungszug am neuen Haltepunkt „Siemenswerke", erklärte er mir. „Ja und, hat man Dir ein Glas auf die Lok gereicht und Dich anschließend wegen „Blut im Alkoholkreislauf" angezeigt?" fragte ich ihn. Da brach es aus ihm heraus: „Ich habe großen Mist gebaut! – Ich habe fröhlich gepfiffen und bin mit Volldampf an der Blasmusik, dem Bürgermeister und dem gesamten Siemens-Vorstand, die den Zug feierlich begrüßen wollten, vorbeigedonnert!" Zuerst lachte ich herzhaft. „Fritz, wenn Dir bis zu Deiner Pension nichts Schlimmeres passiert, dann sei glücklich! Über so was wird man zwar noch lange schmunzeln, aber sei froh, dass dabei niemand zu Schaden gekommen ist!" Er lächelte mit gequälter Mine zurück.

Die Arbeiter und Angestellten mussten vom nächsten Bahnhof aus wieder eine Station zurückfahren. Sie kamen dadurch rund zehn Minuten später zur Arbeit. Übrigens, die allerersten Züge dieses Tages hatten schon an dem neuen Haltepunkt angehalten, aber ausgerechnet der Zug, den Kollege Fritz F. gefahren hatte, war derjenige, mit dem die meisten Leute erwartet worden waren – deshalb gerade bei diesem Zug kurz vor 7.00 Uhr der „feierliche Empfang".

Übrigens: E 41 008 – ab 1968 141 008 – war noch bis Anfang der achtziger Jahre im Bw München Hbf beheimatet. Am 21. März 1974 verlässt sie mit einem Wendezug Großhesselohe (Staatsbf) in Richtung Holzkirchen (links). Diese Züge können als Vorgänger zur heutigen S 27 (Mü-Mittersendling – Hp Siemenswerk – Solln – Deisenhofen) angesehen werden. 141 008 wurde am 30. September 1994 im Betriebshof Nürnberg West ausgemustert. Aufnahme: Dr. Walter Abriel

Schreck in der Morgenstunde

Im Streckenarchiv des EK-Verlages, Band 1/12c, Seite 86, ist eine kleine Nebenbahnepisode angedeutet, die sich etwa 1964 ereignet hat. Es handelt sich um die Fahrt eines Personenzuges, der von Altomünster über Dachau nach München-Allach fahren sollte. Diese Fahrt endete äußerst unsanft bereits nach nur etwa 100 Metern Strecke .

Die Wagengarnitur bestand aus zehn „Donnerbüchsen", gezogen von einer Dampflok der Baureihe 50, als Ersatz für eine 86, die sonst dort verkehrte. Lokpersonal und Zugbegleiter waren Münchner. Dienstbeginn für die beiden auf der Lok war am Vorabend gegen 22.30 Uhr. Erst wurde ein Rangiergüterzug nach Dachau gebracht, anschließend war nachts gegen 1.00 Uhr eine denn das in Altomünster vorhandene, zugführerbediente Schlüsselstellwerk ließ nur Ausfahrten aus den Gleisen 1 und 2 zu. Nur wenn alle zu befahrenden Weichen – auch die Flankenschutzweichen – richtig gestellt waren (alles Handweichen), konnten die Weichenschlüssel gesichert und der Streckenschlüssel aus dem „Stellwerk" entnommen werden. Ohne den Streckenschlüssel, der in Dachau wieder abgegeben werden musste, fuhr kein Zug in Altomünster ab. Aber es ist wie immer, der Mensch denkt, und Gott lenkt …

An diesem schönen Morgen war es wieder einmal soweit. Der erste Zug fuhr los, pfiff den Bahnübergang an und weckte damit die Penner! Diese beiden, an diesem Tag Herbert B. und Karl K., stiegen daraufhin von ihrem „Schlaf"-Wagen auf die Lok um und bereiteten sich auf das Umsetzen und die anschließende Fahrt vor. Nach dem Umsetzen verschloss der Zugführer alle Weichen und verriegelte alles so, wie es Vorschrift war.

Heizer Karl K. – ich verrate da kein Geheimnis – war nicht gerade der beste „Links Außen", den man sich wünschen konnte. Er

Bis Mitte der sechziger Jahre wurden die Personenzüge zwischen München-Allach, Dachau und Altomünster mit Loks der Baureihe 86 des Bw München Hbf bespannt. Hier setzt sich 86 808 am 27. Mai 1962 mit ihrer aus „Donnerbüchsen" bestehenden Wagengarnitur in Dachau Stadt in Bewegung. Hinter der Lok warten ein DKW-Junior sowie zwei DKW 1000 S – damals weitverbreitete Pkw-Typen – die Vorbeifahrt des Zuges ab.
Aufnahme: Hellmuth Fröhlich, Archiv Helmut Griebl

Lokfahrt nach Altomünster angesagt. Meist war man gegen 2.00 Uhr in Altomünster. Eine halbe Stunde später war dann der Zug auf Gleis 3 angekuppelt und mit Heizdampf versorgt. Das Lokpersonal legte sich dann bis etwa 5.00 Uhr auf die „holzgepolsterten" Sitze des ersten Wagens. Drei Stunden „Augenpflege" im „warmen Wagen" tun selbst im Sommer gut.

Kurz vor 5.00 Uhr fuhr dann als erster Zug einer mit Personal aus Altomünster nach Dachau, der Achtungspfiff für einen unbeschrankten Bahnübergang war das unüberhörbare Zeichen zum Aufstehen für die Münchner „Penner"! Anschließend musste der Zehn-Wagen-Zug von Gleis 3 nach Gleis 2 umgesetzt werden, baute in der für ihn ungewohnten „Fünfziger" ein Riesenfeuer auf – obwohl es zunächst 10 Kilometer bergab ging. Die Sicherheitsventile waren schließlich kurz vor dem Abblasen und der Kessel randvoll mit Wasser.

Der Zugführer gab wie gewohnt den Abfahrauftrag, und Heizer Karl K. übermittelte seinem Lokführer den Abfahrtsbefehl: „Abfahren!" Herbert B. öffnete vorsichtig den Regler und – das gefürchtete, sogenannte „Wasserüberreißen" trat ein. Das heißt, über den Regler läuft nicht nur Dampf, sondern auch 200 Grad C heißes Wasser in die Schieber und Kolben. Daraufhin spuckt jede davon betroffene Dampflok aus allen möglichen Öffnungen wie den Zylinderüberdruckventilen, Zylinderentwässerungshähnen und dem Schornstein jede Menge Dampf/Wassergemisch. Zusätzlich beginnt dann eine Dampflok durch die sogenannte Nachverdampfung, unkontrolliert schnell zu beschleunigen.

Es war ohnehin ein kalter, nebelig trüber Morgen, aber die Dampfwolken der Lok nahmen Herbert B. vollends die Sicht. Er bemerkte zwar noch, dass die erste Weiche, auf der er nach links fahren sollte, geradeaus zeigte und leitete eine Schnellbremsung ein, aber es war schon zu spät! Das Lokschuppentor zerbarst mit einem fürchterlich splitternden Geräusch. Eine Loklänge später fiel eine Mauer dumpf in sich zusammen. Ein nicht unbekanntes Klirren meldete, dass auch der Waschraum neue Waschbecken benötigte und ein Fliesenleger bestellt werden musste. Ein wiederum dumpfes Knacken und Grollen gab es schließlich eine Sekunde später, als sich der Fußboden der darüberliegenden Wohnung auf die Rauchkammer der wilden Lok stürzte, so dass ihr dampfender und qualmender Schornstein genau die Mitte des inzwischen fast bodenlosen Wohnzimmers von Heizer P. und seiner wirklich sehr liebenswürdigen Frau zierte.

Als „Abbruchmaschine“ betätigte sich 1964 die außerplanmäßige Lok der Baureihe 50 in Altomünster. Kurz nach der Anfahrt durchbrach sie – in eine gewaltige Dampfwolke gehüllt – das Tor des dortigen Lokschuppens, verschwand in diesem und räumte drinnen alles ab, was nicht niet- und nagelfest war. Um Haaresbreite wäre das gesamte Gebäude einschließlich der darüber liegenden Wohnung eingestürzt. So wie auf diesen Bildern muss man sich die dortige Szene vorstellen. Aufnahmen: GG

Endlich stand der Zug. Abblasende Sicherheitsventile im Lokschuppen, Rußwolken im Wohnzimmer, beschädigte Mauern und teilweise schimpfende, teilweise auch hämisch lachende Fahrgäste waren das Ergebnis dieser Fahrt. Das wichtigste aber: Nur Lokführer Herbert B. war dabei verletzt worden. Heizer P. war bereits im Dienst, und seine Frau befand sich in der Küche, als ihr gemeinsames Wohnzimmer unerwarteten „Besuch“ bekam.

Die größte Sorge von Frau P. war, dass ihre frisch gewaschenen Gardinen nie mehr sauber werden könnten! Sie weinte noch wochenlang darüber, aber die Einrichtungsgegenstände aus ihrer guten Stube, die sich zusammen mit dem defekten Fußboden auf der Rauchkammer der Lok abstützten, bejammerte sie kaum. Dass dabei aber das gesamte Gebäude beinahe in sich zusammengestürzt wäre, erfuhr sie erst später.

Wie konnte das passieren? Der Zugführer hatte den Fahrweg eingestellt und verschlossen. Den Steuerschlüssel hatte er, wie vorgeschrieben, in der Tasche. Nur – der Mensch dachte, und der liebe Gott lachte. Der Zugführer hatte die Weichen so gestellt, als stände der Zug auf Gleis 1. Somit war aus Sicherheitsgründen alles so „gesichert“, dass, falls aus Gleis 2 etwas herausfahren würde, diese Fahrt in Richtung Lokschuppen ging. Logischerweise musste es dann so kommen.

Woher ich das alles so genau weiß? Ich wurde am nächsten Tag in Vertretung für Herbert B. als Lokführer auf dieser Strecke eingesetzt. Über drei Wochen fuhr ich mit dem Heizer Karl K., der unverletzt geblieben war, auf dieser Strecke. Er fühlte sich natürlich an der ganzen Sache „nicht ganz unschuldig“. Ein Jahr später ging er mit seinen über 60 Lebensjahren in Pension. Er war ein Mann, der im privaten Bereich stets große Sorgen aufgrund eines schwer kranken Kindes hatte. Daher rührten auch seine ständigen Erschöpfungszustände im Dienst, weshalb man ihn auf dieser ansonsten nicht so anstrengenden Strecke einsetzte.

Von Eisenbahnfreunden kaum beachtet wurde die im wahrsten Sinne des Wortes abseits gelegene Nebenbahn Dachau – Altomünster, die früher unter den Nummern 413^{b}, später 921 und heute 999.20 im Kursbuch zu finden war bzw. ist. Am 30. April 1973 führt die beliebte Lok 7 der Tegernseebahn einen Sonderzug über die damalige KBS 921, aufgenommen in Altomünster (oben) sowie in und bei Erdweg (rechts und unten).

Aufnahmen: Konrad Hierl, Sammlung Dr. Walter Abriel

Meine Erfahrungen mit der badischen IV h

Als ich noch Lehrling im Ausbesserungswerk München-Freimann war, sah ich 1951 erstmals diese berühmten, hochbeinigen Edelrenner. Sie standen vor der Halle 24. Mein Interesse an Dampfloks war damals nicht sonderlich groß gewesen, ich war bekanntlich immer schon mehr den Elloks zugetan. Doch ihre 18^3 machte er mich besonders aufmerksam. – „Schau dir diese Maschinen etwas genauer an“, forderte er mich auf, „und achte besonders auf die Technik der Triebwerke zwischen den Rädern! Denn wenn diese Loks fertig sind, wirst du sie wahrscheinlich niemals mehr zu Gesicht bekommen.“ Nun, der Stangl Hermann irrte sich wirklich selten – aber in diesem Punkt doch sehr!

Kurz vor dem Ende des ersten Lehrjahres kam er eines Tages an die lange Werkbank, an der außer mir noch zehn weitere Lehrlinge ihre Arbeiten an den Schraubstöcken verrichteten. Der „Stangl“ drückte mir und einem anderen „Lokschnüffler“ – unse-

Fast zerbrechlich wirken die 2,10 m hohen Treibräder der badischen Schnellzuglokomotiven der Gattung IV h, Baureihe 18^3. 18 316 – vor der sich Zugführer und Heizer angeregt über den Verlauf einer Fahrt unterhalten – erreichte im Rahmen einer Messfahrt die höchste, jemals von einer IV h erreichten Geschwindigkeit von 162 km/h. Auch Franz Eigl kam mit dieser Maschine sehr nahe an die 160er-Marke heran.
Aufnahme: GG

enormen, riesigen Treibräder erweckten eine gewisse Neugierde in meiner „elektrischen“ Seele. Beim „Brotzeitholdienst“ konnte ich unterwegs hin und wieder mal so eine Lok genauer beobachten. Der Lehrgeselle, der Stangl Hermann, kannte schon seit einiger Zeit meine Vorliebe für Elloks, doch auf diese Lokbaureihe re Spottbezeichnung, die mich aber nie gestört hat – eine Messingblechtafel mit vier Millimeter Stärke in die Hand. „Nun dürft ihr beiden euch ein Denkmal setzen“, meinte er und gab uns dazu Zeichnungen mit den Ziffern 1, 2, 3, 6 und 8. Wir bekamen den Auftrag, aus diesem 1951 noch sehr teuren Material mindestens

Als Splittergattung bereits ausgemustert, holte Theodor Düring – der damalige Leiter der Lokomotiv-Versuchsanstalt (LVA) Minden – die drei Maschinen 18 316, 319 und 323 vom Schrottplatz, um sie nach vollständiger Aufarbeitung im AW München-Freimann in den Dienst des LVA zu übernehmen. Am 15. Dezember 1952 steht 18 319 im AW Freimann bereit (oben), um noch vor den Weihnachtstagen von Mindener Personal abgeholt und dorthin überführt zu werden. Die neuen Lokschilder wurden von dem Lehrling Franz Eigl angefertigt.

zwanzig „Einser“, vier „Zweier“, sechzehn „Dreier“, acht „Sechser“ und zwölf „Achter“ anzufertigen. Mit anderen Worten – wir beiden „Lokschnüffler“ feilten die komplette Beschilderung für 18 316, 18 319 und 18 323. Meine erste Arbeit für eine Dampflok! Wir feilten diese Ziffern immer im „Viererblock“ – damit jeweils vier Ziffern identisch waren. Das Material war damals noch relativ knapp, und so meinte „der Stangl“: „Wenn ihr euch verfeilt, so sind dann doch alle vier Schilder einer Lok gleich!“ So konnten wir beiden Lehrlinge uns schon damals „ein Denkmal“ setzen, das später oft von Eisenbahnfreunden fotografiert wurde. In den Jahren 1964/65 wurden diese Schilder anscheinend vor „fremdem Zugriff gesichert“ (?!) oder genauer gesagt – „entfernt“. Wer weiß, wo sie geblieben sind? Schön wär's, wenn ich auch eins davon hätte – oder gar auf dieses Buch hin eines bekommen könnte? Hoffentlich macht sich der Inhaber dieser Raritäten eine Vorstellung davon, wieviele Radien und Facetten von uns beiden Lehrlingen unter Anleitung des „Stangl“ mühsam gefeilt worden sind!

Ab dem Beginn des dritten Lehrjahres kam mir dann keine badische IV h mehr vor die Augen. Sollte der Stangl Hermann recht behalten? Erst im Jahr 1962, als ich schon längst Lokführer war, sah ich wieder einmal eine dieser Versuchsamtsloks im Münchner Bereich – unterwegs mit Messfahrten.

Einige Tage später saß ich – wie so oft – im Bereitschaftszimmer, da rief mich der Lokleiter zu sich. „Blasius, für dich habe ich

18 319 im Frühjahr 1953 auf der Drehscheibe im Bw Minden, das für die Unterhaltung der LVA-Maschinen zuständig war.
Aufnahmen:
Sammlung Dr. Brian Rampp

eine besondere Aufgabe! Schau mal, was da unten im Gleis 1 vor der Ellokhalle steht. Traust du dir zu, so ein Ding zu fahren? Nun, was erkannte ich da unten vor dem Lokleitungsfenster? Meine Lokschilder mit einer IV h dran! 18 316! Mir wurde etwas flau im Bauch, aber ich sagte laut und deutlich „JA“! – „Also, zieh dich um und fahr los – nach Lindau – morgen abend bist du wieder zu Hause“, so der Lokleiter sichtlich erleichtert, dass er einen gefunden hatte, der sich traute, diesen Exoten zu fahren. Ich hatte nur noch eine Bitte: „Verständigt aber bitte mein „Hobby 1“ (meine Frau), dass sie keine Vermißtenanzeige aufgibt!“

In der Lokleitung saß noch jemand auf der Bank, ein Lokführer, den ich nicht kannte. Ein Auswärtiger! Vom Alter her hätte er mein Vater sein können (damals war ich erst 26 Jahre alt). Dieser sprach mich an: „Naa, min' Jung – da kiekste – wat?“ Es war, wie sich gleich herausstellte, Alois Tiede aus Minden, der Lokführer der IV h. Er hatte eine Augenverletzung, vermutlich durch einen Fremdkörper, und musste sich in ärztliche Behandlung begeben. „Ali“ führte mich zu seiner Lok, erklärte mir kurz einige Besonderheiten – und schon war er mit seinem „roten Auge“ verschwunden. Er meldete sich wirklich ungern krank, aber er hatte große Schmerzen. Der zur Lok gehörende „Links Außen“, der Heizer, war ebenfalls ein etwas älterer Herr, auch aus Minden. Hieß er Heitmann oder so ähnlich? — Jedenfalls verstanden wir uns sofort sehr gut, und schon fuhren wir mit vertauschten Rollen zur Versuchsanstalt für Brennkrafttechnik, die sich gegenüber des Bw München Hbf befand. Bald darauf ging's dann auch schon ab

Im Juni und Juli 1963 ist 18 319 auf mehreren Messfahrten unterwegs, die sie u.a. nach Bayern und Baden führen. Wenige Tage vor ihrer Abreise nach Süddeutschland steht die Lok im Juli 1963 mit ihren drei Messwagen (oben) in Osnabrück Pbu (Personenbahnhof unten). Nach dem kurzen Betriebshalt kann die Fahrt weiter gehen (links). Niemand ahnt, dass für 18 319 die beiden letzten Wochen angebrochen sind.

Aufnahmen: GG

An den Abenden nach den Messfahrten mit 18 316 besuchten Franz Eigl und sein Heizer die schöne Stadt Lindau im Bodensee. Auf der Speisekarte in „Müllers Weinstub" standen allabendlich Lendenspießchen und Bischoffinger Weißherbst. Der Heimweg in Richtung Insel-Bw führte am Hafen entlang (unten), in dem die „Deutschland", ein Passagierschiff der DB, gerade angelegt hatte. Aufnahmen: Willy Pragher, Sammlung GG

in Richtung Lindau. Der Heizer kannte seine Lokomotive selbstverständlich bestens und wies mich hervorragend in ihre Besonderheiten ein. Klar, dass wir „Halbe-Halbe" in Richtung Bodensee fuhren. Natürlich half ich meinerseits bei der aufwendigen Ölerei der vielen Schmierstellen an Kreuzkopf, Stangen und Steuerungsteilen „feste mit". Auch die Achslagerschmierung, die mit der Ölspritze durchgedrückt werden musste, war für mich nicht tabu. Die Fahrt auf der 18 316 war für mich natürlich außergewöhnlich und vor allem wegen ihrer Vierzylinder-Verbundmaschine recht ungewohnt. In Lindau angekommen, machten wir unsere Maschine für die Nacht fertig und stellten sie neben die dort beheimateten S 3/6, P 8 und 98^{10} im Schuppen ab.

An diesem Abend, nach einem für mich wirklich abenteuerlichen Arbeitstag, gingen wir beide noch ein wenig „Lindau unsicher machen". Damals entdeckten wir „Müllers Weinstub" „In der Grub" (die Gasse heißt wirklich so!). Dort gab es Lendenspießchen und Bischoffinger Weißherbst zum ersten Mal. Dieses Lokal wurde später immer wieder von meinen Heizern und mir besucht, es wurde zu meinem Lindauer Stammlokal. Übrigens: Diese Kneipe existiert heute leider nicht mehr, daher ist dies auch keine Werbung!

Am nächsten Tag machte es schon wesentlich mehr Spaß, Messzug zu fahren bzw. zu bremsen. Die Bedienung der Lok war mir bald in „Fleisch und Blut" übergegangen. Nur mein Heizer wunderte sich, dass ich auch von der „Führerseite" aus sehr gut mit der Schaufel umgehen konnte. Vier Jahre mit der Wendezug-P 8 im Raum München zeigten ihre Folgen – dort heizte ich, wenn ich mit schiebender Lok alleine war, alles von rechts.

Wir fuhren an den folgenden Tagen noch mehrmals dieselben Messprogramme – jeweils an einem Tag hin, am nächsten Tag zurück. Natürlich mit den hervorragenden Lendenspießchen und Weißherbst vor der Übernachtung in Lindau. Daraufhin war diese

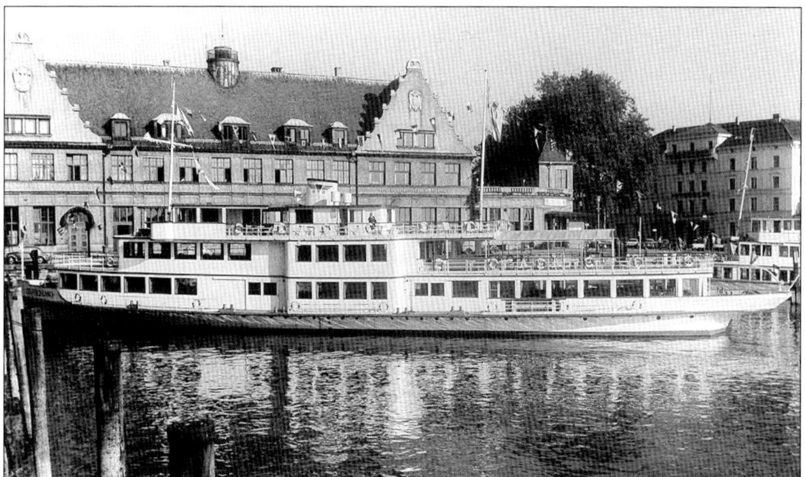

Am Morgen des 26. Juli 1963 fährt 45 023 (oben) vom Bw Freiburg in den Hauptbahnhof. An diesem Tag sind für den aus 18 319, 45 023, V 200 104 und den beiden Messwagen bestehende Zug Messfahrten nach Basel und wieder zurück nach Freiburg vorgesehen. Vor der Abfahrt überprüft Franz Eigl seine 45 023 „auf Herz und Nieren" (unten).
Aufnahmen: Karl Ganter (oben) und Sammlung Franz Eigl (unten links)

Messserie abgeschlossen. Einige Tage später holte „Ali", inzwischen wieder mit heilem Auge, seine Lokomotive zurück nach Minden. Für mich war dieses Gastspiel beim Versuchsamt damit ebenfalls abgehakt. – Doch auch ich sollte mich irren – so wie der Stangl Hermann damals.

Denn einige Monate später ging's nochmals los mit der badischen IV h, diesmal mit 18 319! Ähnliche Fahrten – allerdings zwischendurch wesentlich flotter und in Richtung Passau. Vor allem aber – es war diesmal ein Ausbilder aus Minden für mich auf dem Führerstand! Er hatte die IV h nach München gebracht und sollte mich offiziell an der Lok unterweisen! Der Heizer war ein anderer als der mir bekannte, aber ebenfalls aus Minden. Nun, der Ausbilder war scheinbar recht zufrieden mit meinen „Künsten" auf diesem exotischen Gefährt. Er verabschiedete sich bereits nach der ersten Fahrt in Passau und fuhr wieder nach Hause.

Auf der Testfahrt von Freiburg nach Basel am 26. Juli 1963 hat der Messzug soeben den Isteiner Klotz und den Bahnhof Istein passiert und wird nun gleich in den Hartberg-Tunnel einfahren. Das sehr seltene Bild wurde vom Führerstand der am Zugschluss laufenden und von Franz Eigl gefahrenen 45 023 aufgenommen und zeigt vorne 18 319, die Messwagen und V 200 104. Aufnahme: Sammlung Franz Eigl

Ich muss jedoch sagen, dass ich über den technischen Zustand der beiden Bremslokomotiven 18 316 und 18 319 doch etwas verwundert war (die 18 323 habe ich übrigens nie in die Hände bekommen). Mit das Beste an den Loks waren zwar die Stangenlager, aber ihr Lauf bei mehr als 120 km/h war schon sehr unruhig. Es wurde sehr laut auf dem Führerstand. Das Führerhaus war nicht ganz fest und scheuerte am Kessel hin und her, der Übergang zum Tender schlingerte beängstigend, und auch undichte Stopfbuchsen gab es. War's die Lok? War's der Tender? Waren es ausgeschlagene Kuppeleisen? Oder alles zusammen? Ich war einiges gewohnt von unseren Münchner „Auslaufmodellen" der Baureihen 38^{10}, 78 und 50! Sie waren teilweise nicht die „Ruhigsten" bei Höchstgeschwindigkeit, aber wie der Tender dieser IV h seine Kohlen vom Kohlenbehälter auf's Schaufelblech schüttelte, das war neu für mich! Allerdings hatte ich bis dahin auch keine Erfahrungen mit Dampfloks, die schneller als 100 km/h fahren durften.

Nun, ich dachte mir, wenn der Mindener Heizer, der ja diese Maschine besser kennt als ich, seine Mütze auf dem Kopf behält und nicht mit gefalteten Händen ein „Vater unser" beginnt, wird es schon in Ordnung sein und hoffentlich auch nichts passieren. Und es geschah auch wirklich nichts, nur in Passau selbst

Am Nachmittag des 26. Juli 1963 ist der Messzug aus Basel wieder in Freiburg Hbf angekommen (ganz oben). Während für 45 023 die Reise an diesem Tag zu Ende ist und die Lok ins Bw Freiburg einrückt – Franz Eigl und sein Heizer haben nun dienstfrei – wird 18 319 mit den Messwagen und V 200 104 noch von Freiburg Hbf (oben und links) nach Offenburg weiterfahren, da für Samstag, den 27. Juli, auf der alten badischen „Rennstrecke" Offenburg – Freiburg eine Schnellfahrt vorgesehen ist. Diese Aufnahmen in Freiburg Hbf sind die letzten vom Betriebsdienst der 18 319!

Aufnahmen: Karl Ganter

Die Messfahrt von Offenburg nach Freiburg am Samstag, dem 27. Juli 1963, brachte nach dem schweren Triebwerkschaden in Kippenheim das Aus für 18 319. Sie musste, nachdem verschiedene Triebwerksteile abgebaut worden waren, von einer Offenburger E 40 nach Offenburg zurückgeschleppt werden. Aufnahme: Sammlung Franz Eigl

hatte ich große Probleme mit der dortigen verdammten Segmentdrehscheibe – musste man doch bei den IV h den Regler relativ weit öffnen, damit sich die Lok in Bewegung setzte, wenn man vom Rundschuppen rückwärts auf den „Uhrzeiger" fahren wollte. Am Ende von Segmentdrehscheiben ist nämlich bei den meisten Gleisen in diesem Fall nichts – nur ein metertiefer Abgrund –, in den dann, wenn man nicht höllisch aufpasst, der Tender abstürzt. Später gab es dann mit den gewaltigen Lokomotiven der Baureihe 45 diesbezüglich noch viel größere Probleme. Die schnellste Fahrt, die ich auf einer IV h erleben durfte, war eine von Gemünden nach Passau. Dabei erreichten wir fast die 160-km/h-Marke. Diese aber nur kurzzeitig in der Donauebene, in der Nähe von Straubing. Die Lok war dabei nicht mehr so laut und „nervös" wie Wochen zuvor – offensichtlich war sie in der Heimat zwischenzeitlich auf „Vordermann" gebracht worden.

Außer mir wurden in München noch zwei weitere Kollegen auf der IV h ausgebildet. Diese erlebten am Samstag, dem 27. Juli 1963, das große Malheur, das der 18 319 das totale Aus brachte. Es waren damals vier Münchener Lokführer im Raum Offenburg/Freiburg für Testfahrten mit einer neuen V 200[1] (ab 1968 Baureihe 221) im Einsatz. Zwei auf der 18 319 und ich mit meinem Heizer auf der 45 023, die ja damals zusammen mit der 50 975 bereits zum Bw München Hbf gehörte. Es hätte also durchaus auch mir passieren können – damals in Kippenheim. Mein Heizer und ich hatten an diesem Tag unsere 45 023 im Bw Freiburg abgestellt und dienstfrei. Die beiden anderen Kollegen sollten nur vormittags von Offenburg im Rahmen einer Schnell-Messfahrt mit V 200 104 nach Freiburg zurück fahren. Am Nachmittag wollten wir uns in Offenburg zusammen mit dem Personal aus dem Messwagen treffen, um anschließend einen Ausflug nach Straßburg zu unternehmen. Als mein Heizer und ich außer Dienst von Freiburg nach Offenburg unterwegs waren, sahen wir im Vorbeifahren – es war extra eine Langsamfahrt angeordnet – in Kippenheim die „schöne Bescherung": 18 319 stand mit schwerem Triebwerkschaden vor ihrem Messzug, Teile lagen umher, und die gesamte Messzugmannschaft schaute äußerst besorgt drein. Es war die letzte Fahrt der 18 319 gewesen, nur ihr Kessel lebte auf 18 316 weiter. Nach dem Vorfall in Kippenheim kam ich mit den IV h nicht mehr oft in Berührung. Weitere Messfahrten mit V 200[1] wurden im Bereich bis 90 km/h mit 45 023 oder 50 975 gefahren.

Franz Eigl bemängelte den technischen Zustand von 18 316, die am 14. Juli 1964 – noch mit kurzem Kessel – als Bremslok eines Messzuges in Fürstenfeldbruck auf der Strecke München – Buchloe – Lindau zu sehen ist. Nach dem Abschluss dieser Fahrten und der Rückkehr nach Minden kam die Lok zur Ausbesserung ins AW Frankfurt (M)-Nied. Aufnahme: Carl Asmus

18 316 erhielt im AW Nied an Stelle ihres nicht mehr verwendungsfähigen Kessels den der irreparablen und daher inzwischen ausgemusterten 18 319. So konnte 18 316 – aufgenommen mit dem langen 319-Kessel im Sommer 1966 in Minden – durch das Schicksal ihrer Schwesterlok wieder aufgearbeitet werden. Aufnahme: GG

Für höhere Geschwindigkeiten bekam das Versuchsamt nun E 10 aus Heidelberg gestellt. Diese Messfahrten wurden nach Offenburg gelegt, weil dort genügend Abstellgleise für den Messzug, Stromanschlüsse und Sozialräume vorhanden waren. Auch die Strecken, die wir von dort aus befahren konnten, waren ideal: einerseits die steigungsreiche Bergstrecke der Schwarzwaldbahn und andererseits die Schnellfahrstrecke Mannheim – Basel. Außerdem war an jedem Endpunkt, in Mannheim, Basel, Offenburg und Immendingen, jeweils ein Gleisdreieck zum Wenden des gesamten Messzugs vorhanden. So mussten die Messkabel von der Lok zu den Wagen und die Sprechverbindung nicht mehrmals täglich getrennt werden, um die Loks umzusetzen. Zeitweise nahmen wir vormittags die E 10 gleich auf die damals noch nicht elektrifizierte Schwarzwaldbahn bis Hornberg mit. Mittags stellte ich dann die hinter der Ellok laufende Dampflok ins Bw Offenburg und fuhr anschließend auf der E 10 zunächst nach Basel, dann durch bis Mannheim und von dort wieder zurück zum Ausgangsort Offenburg. Dies waren lange Arbeitstage – die jedoch durch den auf der Ellok mitfahrenden Heizer, der die Sprechverbindung zum Messwagen bediente – etwas entschärft wurden.

PS: Franz Eigl freute sich übrigens sehr über die vor einigen Jahren wieder in Betrieb genommene 18 316 und hoffte, „dass es genügend Idealisten gebe, die diese Lok wirklich gut betreuen werden, zumal die Belastungen, die die IV h beim Versuchsamt aushalten musste, bei Sonderfahrten ja nicht mehr auftraten.“

Franz Eigl war auch oft mit der Münchner 50 975 unterwegs. Besonders auf Messfahrten bemängelten er und andere Lokpersonale die fehlenden Möglichkeiten zur Unterbringung ihres oft für mehrere Tage mitzuführenden Reisegepäcks. Also musste für 50 975 ein Kabinentender her – aber wie? Dies beschreibt das nächste Kapitel! Das Bild zeigt die Lok am 22. Mai 1969 mit der ab 1968 gültigen Nummer 050 975 sowie 044 234 im Bundesbahn-Versuchsamt München, Abteilung Brennkrafttechnik. Aufnahme: Konrad Hierl, Slg. Dr. Walter Abriel

Die Sache mit dem Tender

In den Jahren 1962 bis 1968 war ich sehr viel für das Bundesbahn-Versuchsamt, Abteilung Brennkrafttechnik, unterwegs. Hierzu waren in meiner Heimatdienststelle, dem Bw München Hbf, zwei spezielle Dampfloks als Bremsloks beheimatet: 45 023 und 50 975. Die erstere wurde nur angeheizt, wenn Versuchsfahrten angesagt waren, sie blieb aber manchmal auch einige Tage darüberhinaus unter Dampf. Dies aber nur dann, wenn Lokmangel herrschte und für sie ausgebildete Lokführer greifbar waren. Die 50 975 war dagegen auch stets im Normaleinsatz zu finden. Lediglich die Griffe für die Sondereinrichtungen der Gegendruckbremse wurden dann abgenommen, aber auf der Lok belassen.

Die gute, brave 50 975 war also immer in Betrieb, aber bei den Heizern nicht sonderlich beliebt, weil sie nicht so gut Dampf erzeugte wie die anderen 50. Vielleicht lag es am absperrbaren Blasrohr unter ihrem Schornstein, dass die Saugzugwirkung bei ihr nicht ganz so wirksam war wie bei den anderen Loks der Baureihe 50. Man musste vorne an der Rohrwand ein höheres Feuerbett halten. Wer dies wusste, hatte mit meinem „persönlichen Liebling" keine Probleme mit Feuer und Dampf.

Die Werkstätte des Bw München Hbf nahm die 50 975 an den sogenannten Waschtagen (Kesselsteinentfernung mit Wartungsarbeiten) besonders genau unter die Lupe. Die Meister und auch die Handwerker wussten, dass die Lok manchmal wesentlich mehr leisten und auch oftmals über ungewöhnlich lange Distanzen mit Höchstgeschwindigkeit fahren bzw. bremsen musste.

Ein einziger Punkt war an der Lok auszusetzen: Es gab keinen Platz für Gepäck, wenn wir für mehrere Tage mit ihr auf Messfahrt waren (ein Mangel, der bei anderen Loks mit gewöhnlichen Diensten kaum auffällt). Abhilfe habe ich immer wieder bei der Dienststellenleitung erbeten. Ich wollte unbedingt einen Kabinentender an der 50 975 haben. Die Zeit, in der die Kabinentender planmäßig benötigt wurden, ging zu Ende, und in den Münchner Lokumläufen war keiner mehr eingeplant. Immer wieder fragte ich nach, ob nicht die Tender der 50 1406, unserer letzten Münchner 50 mit Kabinentender, und der 50 975 getauscht werden könnten. Angeblich wegen zu unterschiedlicher Untersuchungsfristdaten konnte (oder wollte?) man dies nicht umsetzen.

„Blasius, wenn du irgendwo eine abgestellte Lok mit so einem Tender siehst, so sag uns Bescheid. Wir werden dann alles in die Wege leiten, dass wir dann diesen Tender für die 50 975 bekommen", so lautete die für mich wenig hoffnungsvolle Ausrede.

Wie schon so oft, fuhren wir wieder mal nach Offenburg. Diesmal aber nicht über Lindau – Friedrichshafen – Singen, wo wir bereits nach abgestellten Kabinentenderloks geschaut hatten. Nein, über Augsburg – Ulm – Sigmaringen – Donaueschingen ging's diesmal. In Ulm mussten wir unbedingt Wasser nehmen und „ein Lager regulieren lassen". Leider auch im Bw Ulm keine abgestellte Kabinentenderlok! Natürlich musste dann auch in Tuttlingen Wasser genommen und „ein Lager reguliert werden". Selbst auf dem dortigen Lokfriedhof, wo jede Menge Maschinen abgestellt waren – kein positives Ergebnis. Nach der Ankunft in Offenburg sahen wir dann „den Traum unserer schlaflosen Nächte": Einen frisch lackierten Kabinentender mit schönen roten Rädern und guten Radreifen! Er stand im Ausbesserungswerk, ganz am Zaungleis zum Betriebswerk. Noch im Dunkeln erkannten wir, dass er – abgekuppelt – als erstes Fahrzeug pufferseitig zum Werktor stand. Wir schlossen ihn in unsere „Schlitzohrenherzen"! Der Entschluss stand fest – „Der" ist es! Wir wollten ihn am Ende der Messfahrten einfach an die 50 975 anhängen und mit nach München nehmen, egal, was kommt. Als wir mal tagsüber Zeit

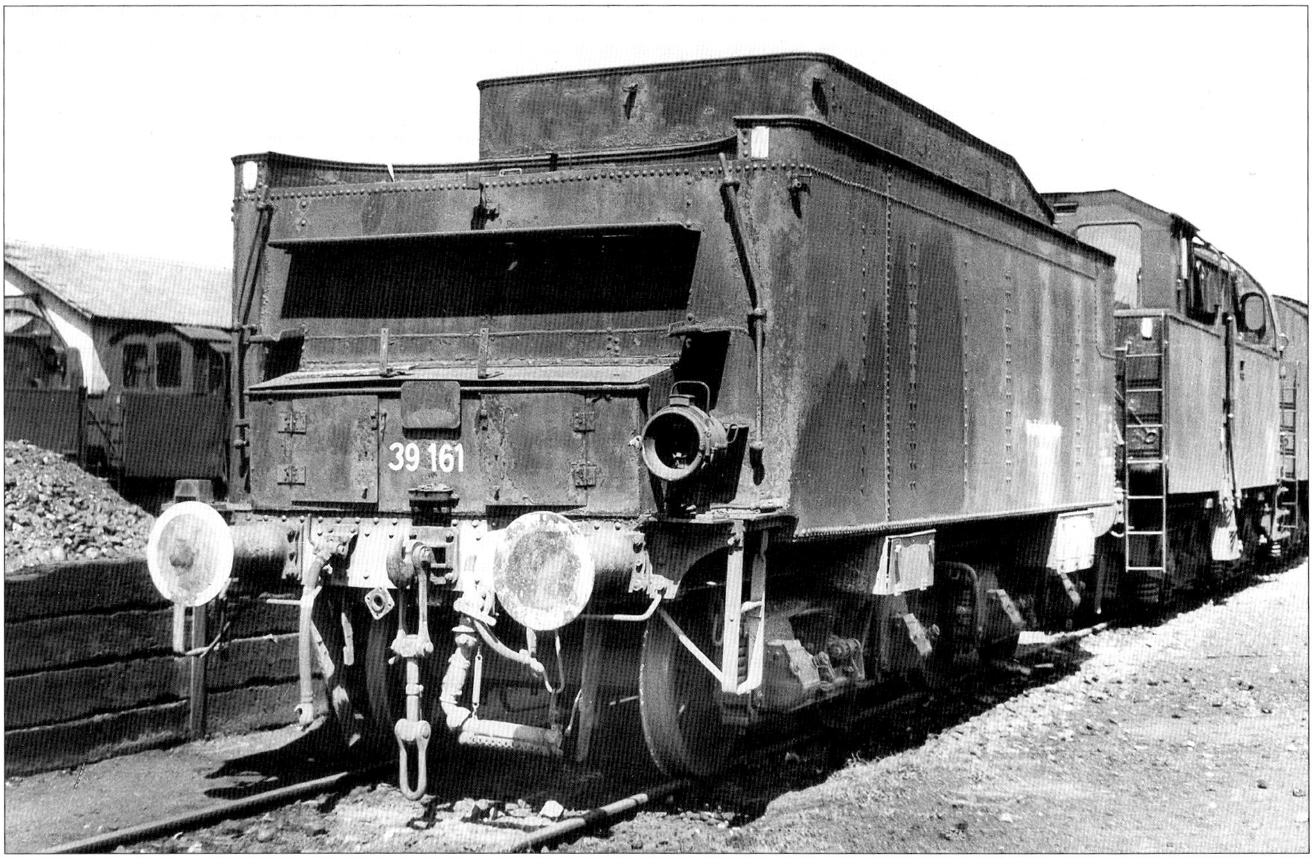

Oben und rechte Seite: Nirgendwo zwischen München und Offenburg gab es unter den vielen abgestellten Dampflokomotiven einen der „heißersehnten" Kabinentender zu sehen. Endlich – im AW Offenburg – standen diese gleich reihenweise zur Ausbesserung oder als Ersatzteilspender herum. Für den P 10-Tender interessierte sich natürlich niemand mehr, aber davor und dahinter standen die begehrten Objekte. Einen davon hatten sich Franz Eigl und sein Heizer auserkoren – die Sache ging jedoch gründlich daneben … Aufnahmen 1968 und 1972: GG

hatten, stellten wir durch den Maschendrahtzaun fest, dass er am „Lokende" Druckluftanschlüsse hatte – also schleppbereit war. Er musste also schon von irgendwoher angeschleppt worden sein. Seine letzte Hauptuntersuchung war laut Anschrift relativ neu. Die letzte Bremsuntersuchung war ebenfalls frisch. Die Loknummer fehlte zwar, aber das störte unser Vorhaben nicht, denn in dieser Zeit wurden die Lokschilder ohnehin bereits reihenweise geklaut. Als wir nach drei Wochen Schwarzwald-Versuchsfahrten am letzten Freitag schon mittags unser Messprogramm abgeschlossen hatten, bot man uns an, mit der Lok alleine, noch am Nachmittag wenigstens bis Lindau zu fahren. Man kannte meine Vorliebe für „Müllers Weinstube" in Lindau und dessen Bischoffinger Weißherbst!

Wir lehnten ab und baten für den nächsten Tag um einen Fahrplan über Sigmaringen – Aulendorf – Memmingen. Natürlich nur „zum Erhalt der dortigen Streckenkenntnis"! – Es war doch bis mindestens 17 Uhr noch jemand im AW Offenburg, der unseren Plan hätte vereiteln können – das sagten wir natürlich nicht!

lerdings nicht. „Na, macht das mal, ich bin wieder im Pförtnerhaus. Wenn ihr wieder raus fahrt, pfeift einmal und winkt mir, ich mach das Tor dann wieder dicht", brummelte er in seinen Bart.

Langsam fuhren wir an unseren schönen, schwarzroten Kabinentender heran. Ich selbst hängte ihn ein und verband die Luftleitungen. Mein Heizer ging auf die Tenderseite, die wir vom Bw aus noch nicht gesehen hatten. Plötzlich ein überraschender Ausruf: „Blasi – häng glei' wieder ab, „der is' hi, den können mer net mitnehmen!" Ich schlüpfte wieder zwischen den Puffern heraus und sah etwas, das ich einfach nicht wahrhaben wollte: Der Prachttender war durch einen Unfall schwer beschädigt – seitlich aufgeschlitzt und am führerseitigen Aufstieg stark eingedrückt. Außerdem fehlten ihm mindestens 'zig Kilo Eisen.

Ich fluchte ein einziges Wort, umschrieben ein Kurzwort von „Stoffwechselendprodukt". Sofort fuhren wir die 50 975 wieder aus dem AW hinaus. Ein Pfiff, und schon kam der Pförtner wieder zu uns. Er fragte ganz erstaunt, warum wir denn ohne den Tender – „ihr habt doch den Auftrag ..." – „da werdet ihr aber ganz schön

Also, „es kam gar nicht in Frage, dass wir noch heute losführen. Gegessen hätten wir auch noch nichts – dazu müssten wir noch Entschlacken, Kohle fassen, Nachschau ausführen, Ölvorräte ergänzen usw., usw." – die üblichen „Ausreden".

Alle Beteiligten begriffen, dass wir an diesem Nachmittag absolut noch nicht losfahren wollten, aber keiner konnte sich erklären, warum. Der Offenburger Lokleiter meinte, „die beiden haben wohl einer Bekanntschaft was ganz Wichtiges zu sagen – darum wollen sie noch eine Nacht bleiben".

Am nächsten Tag, morgens um fünf, begaben wir uns zu unserer Lok. Um halb sechs standen wir bereits am Tor zum AW. Der Pförtner kam heran und meinte: „Da ist heute niemand da – ihr müsst eure Lok im Bw abstellen – die Leute vom Werk holen sie dann am Montag selber ab." Er war zunächst der Meinung, dass wir unsere Lok zur Reparatur ins AW bringen wollten. Schnell erklärten wir ihm, dass wir den Auftrag hätten, den Tender am Zaungleis anzukuppeln und mitzunehmen, – wohin, sagten wir al-

Probleme bekommen bei eurer Dienststelle ..." und – „nehmt ihr ihn wirklich nicht mit?!"

Sichtlich sehr schlecht gelaunt, tobten wir dagegen los: „Den Schrotttender soll mitnehmen, wer will! So eine Frechheit! Kommt ja gar nicht in Frage! Über so was muss man sich ja in der Hauptverwaltung beschweren! Wer dies angeordnet hat, sollte mindestens – wenn nicht mehr Jahre – ins Zuchthaus ...! Und sowas am Samstag, wenn kein Aas da ist!!!"

Der „Herr des Tores" ging mit uns zusammen durchs hohe Gras zu dem Corpus delicti. Er sah sich das Wrack an, schüttelte den Kopf und meinte: „Da habt ihr Recht, dieses Fahrzeug würde ich auch keinen Meter ohne technischen Begleiter aus dem Werk bewegen!"

Er versperrte anschließend sein Werktor, und wir dampften los, so rasch wie möglich. Fast ohne Aufenthalt ging es durch bis Buchloe, dort nahmen wir nochmals Wasser und machten eine längere Pause in der uns bekannten Gastwirtschaft „Löwengrube".

Nach dem gescheiterten Tender-Diebstahl blieb also alles beim Alten mit der 50 975. Sie war weder am 22. Mai 1969 an der Friedenheimer Brücke in München (oben) noch sonst irgendwann mit einem Kabinentender unterwegs und behielt den Einheitstender bis zu ihrer Abstellung im Jahr 1975.

Einige Wochen nach diesem – nur „aus technischen Gründen“ – gescheiterten Tender-Diebstahl fragte ich meinen Dienststellenchef, was er mit mir gemacht hätte, wenn ich den Tender tatsächlich entführt und nach München geschleppt hätte? Er konnte es nicht glauben, was sein Lokführer „Blasius“ da für ein Ding drehen wollte. Unabhängig von meinen Angaben fragte er meinen damaligen Heizer – natürlich privat –, was wir in Offenburg vorgehabt hätten. Doch der bestätigte ihm meine Geschichte.

Wieder einige Tage später bat er mich nach Feierabend in sein Amtszimmer. Er war sehr freundlich zu mir. Wir unterhielten uns über den geplanten Entführungsstreich. „Aber ohne ein formelles Ermittlungsverfahren wäre es sicher nicht abgegangen“, erklärte er mir mit lachender Miene. Wir stellten uns gemeinsam vor, was der Pförtner in Offenburg für ein Gesicht gemacht hätte, wenn er „Angaben zur Beihilfe eines Tenderdiebstahls“ hätte machen sollen. Dieser ältere Herr hatte wirklich keinerlei Verdacht geschöpft, dass hier etwas Unrechtmäßiges vor sich gegangen wäre. Noch heute bin ich davon überzeugt, dass ich wegen dieser „Halunkination“ keine dienstlichen Nachteile gehabt hätte. Wahrscheinlich hätte jedermann, wie auch mein damaliger Vorgesetzter, herzlich darüber gelacht.

Übrigens: 50 975 – die einzige 50 der DB mit Riggenbach-Gegendruckbremse – hat ihren Normtender bis zu ihrer Außerdienststellung im Jahr 1975 behalten. Heute kann sie als Museumslok im Deutschen Dampflokmuseum in Neuenmarkt-Wirsberg bewundert werden.

Im Bundesbahn-Versuchsamt München, Abteilung Brennkrafttechnik, war Franz Eigl in den sechziger Jahren oft zu sehen. Hier begannen und endeten seine zahlreichen Messfahrten. Soeben ist dort der Messzug von einer Versuchsfahrt angekommen, den wir Ihnen auf den folgenden Bildern noch etwas näher vorstellen wollen.

Aufnahmen: Konrad Hierl, Slg. Dr. Walter Abriel

Messzüge aufzunehmen gehörte zu den Zufallsprodukten der Eisenbahnfotografen, denn kaum jemand wusste darüber Bescheid, wann und wo sie verkehrten. Konrad Hierl hatte 1969 das Glück. Da zu diesem Zeitpunkt keine Lokomotiven der Baureihen 18^3 und 45 mehr zur Verfügung standen, bespannte – außer Franz Eigls 50 975, (seit 1968 = 050 975) – oft auch die ebenfalls mit einer Riggenbach-Gegendruckbremse ausgestattete Mühldorfer 044 234 die Messzüge. Die Messfahrten vom 22. Mai 1969 fanden für 215 005, einer Vorserienlok der neuen Baureihe 215, statt.Bei dem ersten Messwagen hinter der Diesellok handelt es sich um einen umgebauten Vorkriegswagen, bei dem zweiten mit der Nummer 5005 Mü Dienst 4üb(e) um einen umgebauten Prototyp-Reisezugwagen der DB aus den fünfziger Jahren. Aufnahmen: Konrad Hierl, Slg. Dr. Walter Abriel

In den Nachmittagsstunden des 22. Mai 1969 sind die Messfahrten mit der neuen Diesellok 215 005 beendet. Die beiden Dampfloks 044 234 und 050 975 werden die Gleise des Bundesbahn-Versuchsamts München in Kürze verlassen und zum Ergänzen ihrer Vorräte ins Bw München Ost fahren. Besonders eindrucksvoll sind die Aufnahmen der wuchtigen 44 mit ihren Verbindungsleitungen zum Messwagen. Aber nicht nur Aufnahmen von Messzügen sind Raritäten, sondern auch vom Innern der Versuchsanstalt. Oftmals waren solche Bilder nur durch die Freundlichkeit und das Verständnis der dortigen Bediensteten möglich. Heute sind es einmalige Zeitdokumente einer hochinteressanten, unvergesslichen Eisenbahnepoche.

Aufnahmen: Konrad Hierl, Sammlung Dr. Walter Abriel

Die erwähnte Freundlichkeit des Personals des Bundesbahn-Versuchsamts München ermöglichte auch die Aufnahmen dieser Seite. Der Blick in die große Halle zeigt am 4. Oktober 1979 den Tonnendach-Hecht (oben) mit nachträglich angebauter Schürze des Bundesbahn-Versuchsamts München als Messwagen B2 (damalige Nummer 5180 99-43003-6), am 26. August 1980 die mit einem Versuchsschornstein ausgestattete Karlsruher 218 298 (rechts), und unten den bereits bei der Messfahrt vom Mai 1969 mit den Dampfloks 044 234 und 050 975 vorgestellten Messwagen 5005 Mü Dienst 4üb(e), ebenfalls am 26. August 1980 aufgenommen.

Aufnahmen: EAW

Aushilfsweise war die Sonderlok 50 975 auch vor normalen Güterzügen zu sehen, wie hier im März 1965 vor den bayerischen Signalen in Fischbachau an der Strecke München – Holzkirchen – Schliersee – Bayrischzell. Franz Eigl beförderte mit ihr u. a. einen der planmäßigen, 1.800 t schweren Kohlenzüge nach Anglberg/Unterzolling. Aufnahme: GG

Ein Unglück ... kommt selten allein!

Wie ich schon berichtet habe, war die Lok 50 975 bei Lokpersonalen nicht sonderlich beliebt, weil ihr Feuerbett anders als das der anderen „Fünfziger" aufgebaut werden musste. 50 975 wurde, nachdem sie als Sonderlok in keinen Umlaufplan mehr eingebunden war, stets für Sonderleistungen eingesetzt. Einer der schwersten Züge, die sie ziemlich oft schleppen musste, war ein 1.800 Tonnen schwerer Kohlenzug nach Anglberg/Unterzolling, wo ein Elektrizitätswerk regelmäßig Brennstoff benötigte. Die Station liegt an der von der Hauptstrecke München – Landshut abzweigenden Nebenbahn Freising – Mainburg, von München etwa 55 Kilometer entfernt. Die volle Lokleistung wurde erst bei der Rückfahrt mit den vielen leeren offenen Wagen gefordert, denn da ging

Auch an diesem schönen Tag im Sommer 1969 wurde 50 975 nicht für Messfahrten benötigt und beförderte einen Kalkzug nach München. Aufnahme: EK-Archiv

es fast ununterbrochen bergauf. Bei starkem Wind ließen sich die bis zu 60 Wagen nur sehr schwer ziehen, zudem verlangte die Fahrplanlage zwischen zwei Eilzügen eine stramme Fahrweise. Der volle Zug war dagegen trotz seines Gewichts fast ein Kinderspiel und lief bergab beinahe von alleine dorthin.

Als 50 975, wie so oft, wieder einmal dieses Zugpaar beförderte, schob ihr Lokpersonal auf ihr „einen fürchterlichen Spinat" – so heißt in München ein Dampfmangel! Die beiden Männer beschwerten sich anschließend in der Lokleitung über den „Saukarren", den sie nie mehr in die Hand nehmen würden. Ich kam zufällig hinzu und musste mir dabei Schlimmes über die 50 975 anhören. Auch eine Schrottfirma wurde bei dieser „Anklage" erwähnt – dorthin würden sie die „blöde Mühle" unentgeltlich hinbringen, am liebsten in ganz kleinen Stücken! Giftige Blicke streiften mich – worauf ich spontan anbot: „Gebt mir den nächsten „Anglberger", ich möchte die Lok mal überprüfen." Prompt bekam ich den Auftrag für den nächsten Tag mit „meiner Lieblingslok". Als Heizer wurde mir ein etwa gleichaltriger Reservelokführer zugeteilt. Wir kannten uns gut, aber einen gemeinsamen Einsatz hatten wir bis dahin noch nicht gehabt.

Am nächsten Morgen – es war sehr neblig an diesem Apriltag – fuhren wir los. Raus aus dem Bw Hbf nach München Laim Rbf – Zug einhängen – Bremsprobe – Abfahrt. Bei etwa 35 km/h Regler zu – der Zug musste von selbst schneller werden – Rollprobe. Zum Einfädeln in die Hauptstrecke bekamen wir, wie erwartet, in München-Moosach das Signal Hp 2 („zwei Flügel") mit 50 km/h zulässiger Geschwindigkeit. Mit genau dieser Geschwindigkeit schlängelte sich der Zug über die Weichen. Streckenkenntnis! Anschließend Regler auf – schnell auf 65 km/h beschleunigen – Regler zu – Leerlauf. Unerwartet bekamen wir im nächsten Bahnhof, Feldmoching, wieder Einfahrt auf Hp 2, Ausfahrt auf Halt. Anhalten. Wenige Minuten später brauste ein verspäteter Wendezug mit Steuerwagen voraus in Richtung Landshut über das durchgehende Hauptgleis an uns vorbei und verschwand im Nebel. Eine Außerplanüberholung – was soll's. Die paar Minuten bei so einer Dienstschicht – kein Problem! Doch unser Ausfahrsignal blieb auf Halt. Zwanzig Minuten vergingen! Nebenan, auf dem Gleis, durch das zuvor der Wendezug gefahren war, traf ein Eilzug nach Passau ein. Für ihn ebenfalls Ausfahrt Halt! Da stimmte doch was nicht, der müsste doch planmäßig mit 140 Sachen durchfahren? Was war da los?

Einige Minuten später kam ein Mann aus dem Nebel auf uns zu. Es war der „Stellwerkler" aus dem nahen Stellwerk. Er brachte uns ein Stück Papier. Ein sogenannter „Befehl A". Er forderte uns auf, unseren Kohlenzug abzukuppeln und zu sichern (Handbremsen anlegen) und das übrige dem Befehl zu entnehmen. „Wenn ihr soweit seit, dürft ihr losfahren – die Weichen sind bereits gestellt!"

Was war geschehen? Der Wendezug war an einem nahe gelegenen Bahnübergang mit einem landwirtschaftlichen Fahrzeug zusammengeprallt. Die vom Stellwerk aus fernbediente Schranke an diesem Feldweg war geschlossen worden, als wir mit unserem Kohlenzug in den Bahnhof einfuhren. Die sogenannte Durchrutschwegsicherung! Da kurz danach der Wendezug sowie ein Zug aus der Gegenrichtung durch den Bahnhof fuhren, blieb die Schranke entsprechend relativ lange geschlossen. Einem Landwirt, der mit seinem Traktor samt dreier voll mit Saatkartoffeln beladener Anhänger an der Schranke gewartet hatte, dauerte dies indes zu lange. Er stieg von seinem „Bauernpanzer" herab und hob die kleinen rot-weißen Hindernisse von Hand bis zu einem Winkel von etwa 45° hoch. Er stellte fest, dass sie in dieser Lage blieben, stieg auf seine Zugmaschine und fuhr mit seinem „Zug" los. Der Traktor und der erste Hänger schafften es auch gerade über die Gleise, den zweiten Hänger dagegen erfasste bereits der herankommende Wendezug, löste ihn in seine Bestandteile auf und verarbeitete seine Ladung zu Kartoffelsalat. Der dritte Hän-

E 41 001 im Jahr 1957 in Gauting. So sah der Münchner Wendezug aus, der in Feldmoching mit einem Traktor zusammenprallte: Eine E 41, dreiachsige Umbauwagen und ein Mitteleinstiegssteuerwagen. Aufnahme: Sammlung Dr. Brian Rampp

ger verlor bei der Havarie nur seine Deichsel, blieb ansonsten aber heil.

Der Steuerwagen des Wendezuges war links (auf der Begleiterseite) stark eingedrückt, die Lokführerseite dagegen glücklicherweise unversehrt geblieben. Der Lokführer blieb zwar körperlich unverletzt, hatte aber einen schweren Schock erlitten und war damit nicht mehr dienstfähig. Er lief dauernd sinnlos zwischen dem Steuerwagen und seiner E 41 hin und her, ohne irgend etwas damit zu bezwecken.

Wir hatten den Auftrag bekommen, den Wendezug zum nächsten Bahnhof, Schleißheim, zu schieben. Der Zugführer des Wendezuges meinte aber, dass das nicht möglich sei, man könne nie wissen, was mit den Drehgestellen des Steuerwagens los sei; den Zug zurückzuziehen wäre wesentlich vernünftiger. Er hatte den Überblick, den man in derartigen Situationen braucht! Wir beauftragten den Mann, den Lokführer seines Zuges ruhig zu stellen, möglichst im Dienstabteil. Wir richteten den defekten Zug zum Schleppen her und zogen den Unglückszug mit Einverständnis des Fahrdienstleiters – entgegen dessen eigener vorheriger Anweisung – zurück nach Feldmoching. Schließlich war er ja froh, seine Strecke wieder frei zu bekommen. Der Rückstau von Zügen in beiden Fahrtrichtungen blieb damit in Grenzen. Übrigens, die Schranken samt Zubehör blieben seltsamerweise unbeschädigt! Dass der Landwirt die geschlossenen Schranken selbst angehoben hatte, verriet dessen etwa zehnjähriger Sohn, der mit auf dem Traktor gesessen hatte, alle, die ihn danach fragten – einschließlich der später eintreffenden Polizei. Hoffentlich war sein Vater später mit ihm gnädig!

Wir setzten uns, nachdem wir den verunfallten Reisezug auf ein Abstellgleis gezogen hatten, wieder an unseren Kohlenexpress. Dies alles geschah noch vor dem Eintreffen der örtlichen Polizei und der „Schottersheriffs“ (der Bahnpolizei).

Mit etwa zwei Stunden Verspätung konnten wir mit unserem Kohlenzug dann endlich weiterfahren. Auf 50 Kilometer Entfernung kann man diese Verspätung niemals ausgleichen, wir kamen in Anglberg etwa zu der Zeit an, in der wir uns planmäßig schon längst mit dem Leerzug auf dem Rückweg hätten befinden sollen. Die folgenden Aktionen, unseren angekommenen „Vollzug“ in die Werksanlagen zu rangieren und anschließend den Leerwagenpark vom Vortag zusammenzustellen, ging etwas rascher als sonst vonstatten, aber die nötige Einfädelung unseres Leerzuges bei Langenbach in die Hauptstrecke Landshut – München machte nun Probleme. Der Fahrdienstleiter meinte dazu: „Unter einer Stunde Wartezeit kommt ihr hier auf keinen Fall weg!“ – „Auch recht – dann gehen wir rüber zur Fischerwirtin – eine kleine Stärkung können wir ohnehin gut gebrauchen“, war unsere Antwort. Das nebenan liegende Gasthaus war für seine hervorragend schmeckenden Weißwürste bekannt.

Nachdem wir frisch gestärkt erneut beim Fahrdienstleiter vorsprachen, teilte er uns den genauen Zeitpunkt für unsere Abfahrt in Richtung München mit. Als mein Heizer mit dem Aufbau des Feuers beginnen wollte, nahm ich ihm einfach die Schaufel ab und sagte ihm in Erinnerung an meinen Mindener Heizer: „Laß' mich dat mal machen!“ – „Toll!“, antwortete er, „wir tauschen die Rollen!“ Passend zur Abfahrtszeit wurden die Ackermänner (die Sicherheitsventile) „nervös“. Ich ließ meinen Lokführer die Zylinder gut vorwärmen, dann gab es bei der Abfahrt nicht so viel Kondenswasser in Kolben und Schiebern, und man konnte sofort mit voller Leistung losdonnern.

Nachdem der Eilzug, den wir noch abwarten mussten, durch war, bekamen wir endlich freie Fahrt. Die gute brave 50 975 stampfte los. Meinen „Rechts-Außen“ beauftragte ich: „Hol alles an Tempo raus, was möglich ist!“, und er tat es auch. Ich jagte die Kohlen in die Feuerbüchse, und er füllte die Rauchkammer mit Flugasche. Sehr rasch erreichten wir die zulässigen 65 km/h. Er wollte das „Fahrgeräusch“ etwas drosseln. „Nein – fahr, was die Lok hergibt – du weißt ja, gestern gab es einen Riesenspinat. Heut' will ich wissen, ob die Lok in Ordnung ist.“ – „Die ist voll fit“, meinte er, „schau, wir haben schon fast 80 km/h erreicht. Mit solch einem Tempo bin ich mit so einem Zug noch nie das ebene Stück nach Freising gedonnert. Der Freisinger Fahrdienstleiter, ein Berliner, den ich gut kannte, schüttelte sein ergrautes Haupt

Die Schranken sind oben, das Vieh kann passieren. Flintsbach, 11. November 1960. Aufnahme: Sammlung Dr. Brian Rampp

und hielt sich symbolisch die Ohren zu. Bei knapp 80 Sachen und gut 35 % Füllung ist eine „Fünfziger“ ganz schön laut. „Lat dat Ding nur jucken Kumpel, den Dampf dafür kriegste von mir!“ war mein „urbayrischer“ Auftrag an meinen Kollegen (Mindener Westfalendeutsch lässt grüßen!). Und so röhrte der Zug mit seiner „Saukarre“, „schrottreifen Rostlaube“, „blöden Mühle“, und wie sie sonst noch am Vortag bezeichnet worden war, mit einer bisher nicht erreichten Geschwindigkeit in Richtung München.

Der Morgennebel hatte sich längst aufgelöst, und es herrschte strahlender Mittagssonnenschein. Wir beide hatten Spaß an der Räuberfahrt, und erst als wir vor Feldmoching den inzwischen für den Straßenverkehr gesperrten Bahnübergang passierten, wurden wir wieder mit dem Unfall im Morgennebel konfrontiert. Die Trümmer des zweiten Hängers wurden gerade eingesammelt, und der überall verstreute „Kartoffelsalat“ war inzwischen ein festliches Frühstück für die ewig hungrigen Raben. Die ließen sich weder von Menschen, noch von Zügen oder Polizisten, und schon gar nicht von den vielen blauen Blinklichtern stören. Nur der vorbeidonnernde Dampfzug, also wir, belästigte die stolzen schwarzen Vögel ein wenig bei ihrem opulenten Mahl.

Der Wendezug samt seiner E 41 stand noch dort, wo wir ihn abgestellt hatten. Er wurde in dieser Mittagsstunde von Werkstättenpersonal untersucht, Schadensaufnahme, Lauffähigkeitsuntersuchung. Verletzte gab es ja glücklicherweise keine – außer dem wirklich geschockten Wendezug-Lokführer. Er war bei einer Sichtweite von nur knapp 100 Metern vorschriftsmäßig mit 120 km/h durch die Nebelschwaden gefahren und hatte praktisch keinerlei Reaktionsmöglichkeiten vor dem Aufprall. Wir dampften mit voller Kraft an der Unfallstelle vorbei.

Am Einfahrsignal von München-Moosach bekamen wir wie erwartet Einfahrt auf Signal Hp 2 und Ausfahrt „Halt erwarten“. „Mein Führer“ schloss den Regler und ließ den Zug ausrollen. – Doch irgendetwas stimmte nicht. Der Zug wurde zu rasch langsamer. Es ging zwar bergauf, aber nicht so stark. Nanu, da bremst doch etwas?! Aber wenn am Wagenzug etwas gewesen wäre, hätten es doch die Fahrdienstleiter und die Schrankenwärter unterwegs bemerkt. Funkensprühende Bremsklötze oder gar blockierte Räder, die an den Schienen Feuertiraden abwetzen, wären doch nicht zu übersehen! Lediglich bei den ersten drei oder vier Wagen gleich hinter einer Dampflok könnte so etwas bei voller Fahrt übersehen werden. Kurz vor dem immer noch „Halt“ zeigenden Ausfahrsignal musste mein Kumpel den Zug noch ganz leicht abbremsen. Doch was dann kam, war das zweite Unglück dieses Tages! Die „mehrlösigen“ Bremsen eines Güterzuges lösen sehr langsam wieder aus, die „einlösige“ Bremse der Lok etwas rascher. Und genau zu dem Zeitpunkt, als die Tenderbremse wieder gelöst hatte, gab es einen metallischen Knall! Zusätzlich traten starke Erschütterungen am Tender auf. Schnellbremsung! Bei einer Geschwindigkeit von 10 km/h und einem Güterzug praktisch wirkungslos – aber man macht es einfach – gelernt ist gelernt.

Der Tender hoppelte die letzten 30 Meter bis zum Stillstand noch einige Male. Sofort waren wir unten am Gleis, um nachzusehen. Entgleist war nichts, und die Gleise waren in Ordnung. Wir schauten uns die ersten vier Wagen hinter der Lok an – alles in Butter. Doch wo kamen denn die Bremsklötze her, die unter und neben dem dritten Wagen herumlagen? Insgesamt 16 einzelne Klötze! Bei allen waren die Befestigungslaschen ausgebrochen, und die passenden Befestigungsnägel, mit denen sie im Bremsschuh gehalten worden waren, lagen ebenfalls herum. Was ist mit unserem Tender?

Nun waren wir diejenigen, die an Achsen und Rädern herumsuchten! Ergebnis: Die zweite und die dritte Tenderachse hatten wir offensichtlich von Langenbach bis München-Moosach in blockiertem Zustand mitgeschleift. Dabei hatte es seltsamerweise fast keine Flachstellen gegeben, aber das von den Schienen abgewetzte Material hatte sich an allen vier betroffenen Rädern zu einem etwa zwei Zentimeter hohen Wulst aufgeschoben. – Kalt verschweißt! – Als sich die Räder nach dem Lösen der Bremse plötzlich zu drehen begannen, schlugen diese Wulste sogleich alle 16 Bremsklötze aus ihren Haltern. Daher auch die Riesenhopser bei jeder Radumdrehung. Die Tenderachsen 1 und 4 waren in Ordnung – zwar leicht angewärmt, aber ohne Zunderspuren; auch waren keine Radreifen lose. Offensichtlich hatte die Tenderbremse bereits in Langenbach nicht richtig ausgelöst. Blockierte Räder, das weiß jeder, haben fast keine Bremswirkung mehr – die beiden anderen Achsen bremsten zwar noch, aber so wenig, dass wir es bei unserer „kräftigen Fahrweise“ nicht bemerkten.

Was war zu tun? Logischerweise verlangten wir vom Fahrdienstleiter, dass er das Ausfahrsignal so lange auf „Halt“ belassen sollte, bis wir uns wieder fahrbereit meldeten. Mit Hammer und Flachmeißel schlugen wir, so weit es ging, die Wulste von den Radreifen. Die Tenderbremse wurde abgestellt. Daraufhin bewegten wir die Lok alleine einige Male zwischen dem Zug und dem Ausfahrsignal hin und her, bis der Tender nicht mehr ganz so stark hüpfte; Wulstreste glätten! Wir meldeten die Lok dem Bw München Hbf als defekt. Der Lokleiter glaubte zunächst an Dampfmangel wie am Vortag. Die defekten Tenderachsen wollte er absolut nicht anerkennen. Diese nahm er erst dann „amtlich“ zur Kenntnis, als ihm Stunden später die Werkstätte das Gleiche meldete. Wir erklärten dem Fahrdienstleiter, dass wir zwar wieder fahrbereit wären, aber nur für höchstens 10 Kilometer in der Stunde. Dies ergab für die letzten fünf Kilometer bis München-Laim eine Fahrzeit von 30 Minuten – mit Vormeldung an die beteiligten Fahrdienstleiter kein allzu großes Problem.

Mit etwa vierstündiger Verspätung stellten wir 50 975 mit ihrem defekten Tender in den Ringlokschuppen. Sofort wurde der Indusistreifen (der Fahrtenschreiber) von Herrn R. (dem aus der Wendezuggeschichte bereits bekannten „Scharfrichter“) entnommen und ausgewertet. Er behauptete daraufhin: „Jetzt werden wir ja sehen, ob sich die nicht gelöste Bremse des Tenders nicht bemerkbar gemacht hat.“ Es waren darauf insgesamt sechs Zugpaare nach Anglberg registriert. Unsere Fahrt war von diesen mit großem Abstand die flotteste. Die langsamste Fahrt war diejenige vom Vortag. In Freising hatten es unsere „Vorfahren“ auf gerade einmal 35 km/h gebracht. Die anderen lagen zwischen 45 und 55 km/h, wir bei knapp 80 Sachen. Dass sich die erste Tenderachse überhaupt gedreht hatte, ging allein schon aus der Tatsache hervor, dass überhaupt registriert worden war, denn der Antrieb für die Registrierung ging von dieser Achse aus. Fazit: Wenn die beiden dieses Tempo gefahren haben, konnten sie weder Dampfmangel gehabt haben noch diesen leicht bremsenden Tender als Hindernis bemerken. Freispruch für die Angeklagten!

Von den Herren aus der Verwaltung wurde mir scherzhaft unterstellt, dass ich meinen Heizer absichtlich so geschunden hätte, um den Tender zu zerstören und auf diese Weise einen Kabinentender zu erhalten.

Nur Herr R. hätte mir was anhaben können, aber er hat bis zum Ende seiner Berufstätigkeit nicht erfahren, dass die zulässige Höchstgeschwindigkeit von 65 km/h bei dieser Fahrt weit überschritten worden war. Dabei hätte er sich in diesem Fall wirklich einmal einen Triumph über den „störrischen Blasius“ holen können. Warum er dies nicht bemerkt hatte, weiß ich nicht. Glück muss der Mensch haben – inzwischen ist alles verjährt!

So unglaublich diese Geschichte ist, so entspricht sie doch der vollen Wahrheit und ist kein Eisenbahnerlatein! Da 50 975 noch als Museumslokomotive im Deutschen Dampflokmuseum Neuenmarkt-Wirsberg existiert, müsste aus den sicherlich noch vorhandenen Betriebsunterlagen der genaue Tag des Schadens und der anschließende Stillstand der Lok wegen der Tenderreparatur noch zu ermitteln sein.

Bei den meisten elektrischen Lokomotiven ist das zusätzliche Bremsen durch Umschaltung der Fahrmotoren zu Generatoren plus Bremswiderstand kein großes Problem. Für Dieselloks mit hydraulischer Kraftübertragung musste jedoch erst eine neuartige hydraulische Bremse entwickelt und erprobt werden. Von vereinzelten Versuchen hatte ich nur aus Gesprächen etwas gehört. Erst, als eine solche V 100 mit der für mich neuartigen Bremse im AW Nürnberg sich bereit für den Testbetrieb befand, bekam ich damit zu tun. Es war eine ansonsten normale V 100^{20} mit 1.350-PS-Motor, deren zusätzliche hydraulische Bremse für eine Leistung von 1.650 PS ausgelegt war.

Als Zuglok zum Einstellen und Überprüfen der neuen Bremsanlage wollten wir 45 023 nehmen, die jedoch zu diesem Zeitpunkt defekt war; so nahmen wir wieder mal unsere gutmütige 50 975. Die Leistung einer Lok der Baureihe 50 beträgt 1.625 PS, also stand von vornherein fest, dass man mit 50 975 bei voller Bremsleistung der H-Bremse nicht über eine bestimmte Fahrgeschwindigkeit hinaus kommen würde. Das Messprogramm beinhaltete, mit 50 975 jeweils 15 Minuten lang in der Ebene eine konstante Geschwindigkeit zu fahren; mit 5 km/h zu beginnen und möglichst weit in „Fünferschritten" nach oben zu kommen. Von der Betriebslage her war dies natürlich nicht in direkter Reihenfolge zu erreichen. So schleppten wir die Messeinheit, bestehend aus der V 100, zwei Messwagen und unserer Lok, mal mit 20 km/h, das nächste Mal mit 45 km/h, dann mit 5 km/h usw. über die Gleise. Die neue V 100 musste die Leistungsfähigkeit ihrer neuartigen Bremse beweisen. Getestet wurde auf der Strecke Donauwörth – Ingolstadt. Dort sind einige Streckenabschnitte 100 % eben, und genau diese waren unser Testgebiet.

Bei Geschwindigkeiten über 40 km/h merkten wir genau, dass uns und 50 975 noch einiges an Arbeit erwartete.

Auch die neuen V 100^{23} konnten bei schweren Zügen zwischen Baiersbronn und Freudenstadt im Schwarzwald nicht auf Schiebeloks verzichten. Am 12. August 1968 wird die Zuglok des E 770, V 100 2334 – hier bereits umgezeichnet in 213 334 –, im oberen Murgtal von 50 2461 unterstützt (oben und rechts). So etwa muss man sich die im Text beschriebenen Messfahrten mit Franz Eigl, seinem Heizer und 50 975 vorstellen. Aufnahmen: Gerhard Moll

Die Inbetriebnahme der V 100^{23} (Baureihe 213) mit hydraulischer Bremse

Als sich das Ende der Dampflokzeit im Regelbetrieb abzeichnete, waren nur noch wenige Baureihen im Einsatz, zumeist waren es Einheitslokomotiven. Nur eine ältere Länderbahn-Dampflokbaureihe war noch in größerer Stückzahl vorhanden und konnte noch nicht so rasch ausgemustert werden: die Baureihe 94^5 (preußische T 16^1). Vor allem im schweren Rangierdienst war sie Mitte und Ende der sechziger Jahre noch unentbehrlich. Darunter gab es auch noch einige mit Riggenbach-Gegendruckbremse. Diese schweren Fünfkuppler waren noch überall dort zu finden, wo sich nicht elektrifizierte Steilstrecken befanden. Auf diesen ist außer der üblichen Druckluftbremse eine weitere Bremseinrichtung vorgeschrieben. Zum Beispiel auf den Strecken zwischen Linz am Rhein und Kalenborn, von Dillenburg ins Scheldetal sowie im Schwarzwald zwischen Baiersbronn und Freudenstadt.

Mehrere Wochen lang dauerten die Messfahrten mit der V 100^{23} im Murgtal. In dieser Zeit war das Bw Freudenstadt das Zuhause für Franz Eigl, seinen Heizer und 50 975. Vor dem damals noch selbstständigen Bw sind 38 2967 (oben, 1967) sowie 94 1377 und 38 2308 (unten, 1965) zu sehen. Heute wachsen hier Gras und meterhohes Buschwerk. Aufnahmen: GG

Die Bremsleistung der V 100^{23} war mehr als zufriedenstellend. Als wir dann das erste Mal 15 Minuten mit 55 km/h ziehen mussten, kam aus dem Messzug die Anfrage, ob nicht einer der Messhelfer dem Heizer das Hemd auswringen solle?! Natürlich lehnten wir dankend ab und behaupteten, dass dieses erst bei einer Geschwindigkeit von über 75 km/h (und da nur vielleicht!) erforderlich sein würde. Der Leiter des Messzuges war der Meinung, dass wir höchstens acht Minuten lang 65 km/h schaffen könnten, dann sei unsere 50 – rein rechnerisch – mit ihrer Leistung erschöpft. Er behauptete: „Selbst wenn ihr bei beiden den Sprücheklopfern mit vollem Wasserstand losfahrt, seid ihr nicht in der Lage, dies länger durchzuhalten! Und selbst da muss alles in Bestform sein!“ Nun, er hatte nicht mit Blasius und seinem Heizer gerechnet. Zwei „Unbekannte“, wie man in der Mathematik sagt.

Am nächsten Tag war es soweit: erst 15 km/h, dann 10 km/h und später der erste Versuch mit 65 km/h. Wir gingen aufs Ganze! Ein Höllenfeuer aus bester Kohle lag in der Feuerbüchse. Die V 100 half zunächst mit, dass wir rasch auf Geschwindigkeit ka-

Nach den erfolgreich absolvierten Testfahrten der V 100^{23} auf der Steilstrecke Baiersbronn – Freudenstadt wurden die zehn Diesellokomotiven hier zugelassen und lösten die im Bw Freudenstadt beheimateten Dampfloks der Baureihen 82 und 94^{5} ab. Im Sommer 1967 haben die Dieselloks den Dienst bereits voll übernommen. Am 28. August 1967 schleppen V 100 2334 und V 100 2336 (beide Bw Karlsruhe) bei Friedrichstal (Württ.) den schweren E 770 (Karlsruhe – Freudenstadt), nachgeschoben von V 100 2338 (unten). Aufnahmen: Herbert Stemmler

men – bei 60 km/h ging sie auf Leerlauf über, und bei 63 km/h begann der Lokführer mit dem Bremseinsatz. Die Steuerung lag bei 35-36 %, Schieberkasten- und Kesseldruck waren genau gleich. Der Kamin der 50 975 röhrte genau 15 Minuten lang bei konstant 65 km/h. Der Wasserstand war aber am Ende – die Speisepumpen schafften nicht mehr genügend Wasser in den Kessel. Der Messleiter staunte, dass seine Berechnungen noch übertroffen wurden. Schließlich war er ein sehr erfahrener Dampflokspezialist im Versuchsamt Minden. Sein Lehrmeister war kein geringerer als Versuchsdienstleiter Theodor Düring gewesen! Wir lästerten via Mikrofon über Theorie und Praxis und boten aus Jux und Tollerei sogar noch an, gleich die nächste Fahrt mit 70 km/h anzuschließen. Der Chef nahm uns beim Wort: „Versuchen könnt ihr beiden Halunken es ja – aber schaffen werdet ihr es nicht!"

Also, nächste Fahrt mit 70 km/h! Wir donnerten mit beiden Loks hoch auf 65 km/h – dann Diesellokleerlauf – und bei 68 km/h volle Bremskraft. Regler ganz auf – die Steuerung lag bei 38,5 % – mehr ging nicht, sonst wären wir langsamer geworden. Anscheinend brachten wir den Abdampf nicht mehr ganz aus den Zylindern, bevor der Frischdampf wieder einströmte. Wir schafften genau 11 Minuten lang 69 km/h, mehr war einfach nicht möglich.

Als wir dann am Mittag in Donauwörth beim Kohlefassen waren, machten wir unseren „technischen Dreh" vom Vorabend wieder rückgängig. Gegen 16 Uhr, bei einer Langsamfahrt, kam der Chef zu uns auf die Lok. Er meinte zu uns: „Entweder, ich kann nicht rechnen, oder ihr beiden „habt ein Ding gedreht"! Das kann nicht sein, was ich heut' vormittag gesehen und vor allem gehört hab' – das kann eine 50er einfach nicht leisten!" Er blieb längere Zeit auf dem Führerstand und verabschiedete sich erst, als wir „unaufmerksam" die Überdruckventile am Kessel ansprechen ließen. Sie taten es genau bei 16,0 atü. Wir wussten genau, dass er ahnte, was wir gemacht hatten …

Jahre später, in Offenburg beim Wein, sprachen wir im „Klartext" nochmals über die wundersame Leistung der 50 975. Alles verjährt – Generalamnestie – Absolution – Begnadigung! War da mal was??? Diese Messfahrten, die über fünf Wochen dauerten, brachten auch einen Betriebsarbeiter in Donauwörth in arge Bedrängnis, und zum Abschluss gab es die Abrechnung mit einem Münchner Kollegen vom „Putzgraben" des Bw München Hbf. Doch dazu später im nächsten Kapitel.

Die Bremsleistungsmessungen waren zur vollen Zufriedenheit aller Beteiligten zu Ende. Wir fuhren die komplette Messeinheit nach Nürnberg, wo übers Wochenende ein Teil der Messeinrichtungen aus der V 100 ausgebaut wurde. Wir konnten Samstag und Sonntag zu Hause verbringen und kamen am Montag Vormittag wieder zurück ins AW Nürnberg. Am frühen Nachmittag ging's dann mit der V 100 an der Spitze, den nun mehr drei Messwagen in der Mitte und 50 975 am Zugschluss ab nach Karlsruhe.

Dort übernachteten wir, um am nächsten Tag mit den höchsten Herren der Bundesbahndirektion Karlsruhe und anderen führenden Technikern der DB an Bord durchs herrliche Murgtal hinauf in Richtung Freudenstadt zu fahren. Im Bereich Baiersbronn/Freudenstadt (Stadt) sollten dann Vorführfahrten und die endgültige Abnahme der V 100^{23} stattfinden.

Der Lokomotivführer auf der V 100, ein Münchner, kannte die Strecke nicht, aber ich habe in der Nähe von Baiersbronn Verwandte und wusste daher von einigen Besuchen, dass hier enorme Steigungen auf uns zukommen würden. Soweit mir bekannt, gab es ab dem Bahnübergang bei Friedrichstal (zwischen Baiersbronn und Freudenstadt) früher eine Zahnstange. Um 1950 hatte ich dort Schwellen gesehen, die eindeutige Befestigungsspuren einer Zahnstange aufwiesen! Ich kannte auch noch den Lokwechsel in Schönmünzach, wo die Loks der Baureihe 94^5 die zum Teil gekürzten Züge übernahmen – meist fuhr eine 50 bis dorthin und stellte dann gleich einige Wagen ab.

Wir fuhren also mit unserem „hochkarätigen Inhalt" ins Murgtal. Die Diesellok zog, und wir dampften mit Schmierdampf am Zugschluss gemütlich mit. Je weiter wir durch das Tal hinauffuhren, um so mehr schoben wir mit. Von Klosterreichenbach hoch nach Baiersbronn, wo es damals noch Durchläutesignale gab (Auftrag dafür durch zwei große „L"-Tafeln übereinander), mussten wir das Bimmeln übernehmen, da das Läutewerk der V 100 seinen Geist aufgab.

Während der Fahrt in diesen Abschnitt fragte der Lokführer von vorne, ob wir uns nur ziehen lassen oder sogar bremsen würden, weil der Zug immer langsamer würde? Nun, ich mache so manchen Schabernack, aber bergauf bremsen, wenn eine Zugkreuzung zu erwarten ist – so etwas mache ich dann doch nicht, dazu bin ich zu sehr mit dem Eisenbahnbetrieb verwachsen.

Wir hatten auf der gesamten Strecke den Regler offen! Nach dem Kreuzungsaufenthalt in Baiersbronn ging's dann richtig los. Ich glaube, dass bis dahin in diesem Steilstreckenabschnitt noch kein Zug so schnell gefahren ist: die Diesellok auf Fahrstufe 15 und die Dampflok mit 16 atü im Schieberkasten und gut 35 % Steuerungsauslegung. In Freudenstadt (Stadt) ein Aufenthalt von etwa einer Stunde. Anschließend fuhren wir in Zugpausen dreimal runter nach Baiersbronn und wieder hoch nach Freudenstadt. Dabei musste die neue H-Bremse die gesamte Bremsleistung übernehmen! Wir, als „Angstlok" talwärts an der Spitze, durften nichts tun, nur im Notfall hätten wir mit unserer Gegendruckbremse eingreifen müssen. Nachmittags war dann die endgültige Aufnahmefahrt: Die V 100^{23} fährt allein mit den drei Messwagen nach Baiersbronn! Die Dampflok bleibt bis zur Rückkehr des Messzuges in Freudenstadt (Stadt).

Trotz der neuen V 100^{23} war der Dampfbetrieb im Murgtal noch nicht zu Ende. 50 1156 vom Bw Karlsruhe ist am 12. August 1968 bei Schönmünzach mit einer kurzen Übergabe unterwegs. Aufnahme: Gerhard Moll

Wir besorgten uns etwas zum Magenfüllen, holten unsere Spezialtischchen heraus und ließen uns die Vesper schmecken, so heißt in Bayern eine Brotzeit in diesem Rahmen.

Plötzlich kam aus dem Bahnhofsgebäude jemand in frisch gebügelter Staatseisenbahnuniform samt nagelneu funkelndem, amtlichen Diensthut, der wiederum einiges an Hoheitszeichen als Zierde tragen musste, auf unsere Lok zugehastet:

„Was macht ihr hier mit einer 50er? – Ihr wißt doch genau, dass ihr hier nicht fahren dürft!", jammerte er. „Wo bringe ich nur schnell eine Lok her, die euch elendige Rußkutscher wegschafft? Die halbe Hauptverwaltung kommt gleich, und bei mir steht eine 50er!" Für den Bahnhofsvorstand – der war es wahrscheinlich – ein Weltuntergangsdrama. Er stand kurz vor einem Herzinfarkt – wenigstens führte er sich so auf. Wir beide auf der Lok ließen es uns weiter schmecken und reagierten überhaupt nicht. Wutentbrannt und mit glühenden Ohren rannte der Gala-Eisenbahner in den Dienstraum des Fahrdienstleiters, telefonierte mit Gott und der Welt und blätterte dabei hastig in irgendwelchen Papieren.

Auf einmal kam er wieder heraus. Etwas ruhiger als vorhin, stand er wieder vor der Lok und beschwerte sich. „Warum sagt ihr Unterlagen, die Sie sicherlich gelesen haben werden, dass genau diese 50 975 hier mit Erlaubnis des Dezernenten 21 der BD Karlsruhe hier verkehren darf!"

Auch in allen Fahrplänen stand übrigens folgender Wortlaut: „Da die Lok 50 975 mit betriebsbereiter Gegendruckbremse ausgerüstet ist, besteht für dieses Fahrzeug kein Verbot, die Steilstrecken im Raum Freudenstadt zu befahren. Das Lokpersonal ist angewiesen, zwischen Baiersbronn und Freudenstadt Bahnhof einen um sechs Zentimeter über dem Mindestwasserstand erhöhten Wasserstand einzuhalten".

Dies alles hätte der Herr im „schönen Anzug" eigentlich seit einigen Tagen wissen müssen! Sein Kopf leuchtete mittlerweile zwischen Hut und Krawatte röter als die untergehende Abendsonne. Sprachlos und etwas eingesunken drehte er sich um und stolzierte wieder in seinen Bahnhof.

Einige Zeit später kam dann der Messzug von seiner Abnahmefahrt zurück. Wir kuppelten uns hinten wieder an und fuhren runter nach Freudenstadt Hbf. Dort wurde die V 100^{23} sofort dem Betrieb übergeben, da die restlichen Messeinrichtungen bereits unterwegs ausgebaut worden waren.

Bei seinen zahlreichen Messfahrten im Murgtal machte Franz Eigl auch Bekanntschaft mit der Werks-Dampflok der Firma Holtzmann in Weisenbach. Die kleine Btn2-Lok wurde 1908 von Maffei in München unter der Fabrik-Nummer 3556 gebaut.
Aufnahme am 15. August 1968: Gerhard Moll

zwei denn nicht, dass ihr zum Versuchsamt gehört?!" und dann noch einiges, das nicht ganz jugendfrei war.

Wir stiegen großmütig und auch etwas überheblich von der Lok und deuteten auf die Schilder am Führerhaus. Dort befanden sich, schön eingerahmt, das schöne Schild „50 975" und zwei kleinere Schilder „BD München" und „Lokversuchsamt Minden (Westf)". Ich hatte für diese Fahrten immer meine Nachgussschilder „Lokversamt Minden" anstelle des amtlichen Schildchens „Bw München Hbf" montiert. Nur so – zum Angeben! Es hat auch nie jemand daran Anstoß genommen. – Nun endlich gaben wir dem Paradeeisenbahner mündliche „Audienz": „Wir hätten angenommen, dass Sie lesen können", teilten wir ihm mit und deuteten dabei auf die nicht zu übersehende Führerhausbeschriftung. „Erstens steht es hier groß und deutlich, zweitens sind wir heute bereits das vierte Mal hier, – und drittens steht es in allen

Einem abschließenden geselligen Beisammensein folgte eine Übernachtung in Freudenstadt. Am nächsten Tag brachten wir die drei Messwagen zurück ins Ausbesserungswerk nach Nürnberg. Leider mussten wir bis Eutingen mit dem Tender voraus fahren, denn die Drehscheibe in Freudenstadt war so kurz, dass nicht einmal eine P 8 mit Wannentender darauf gedreht werden konnte. Dies war auch der Grund, warum die P 8 im Nordschwarzwald stets mit den alten, kurzen Tendern pr. 2'2' T 21,5 eingesetzt wurden. Die letzte Übernachtung hatten wir dann in Nürnberg, um am nächsten Tag mit der Lok alleine nach München zu fahren. Diese Messfahrten waren die zeitlich längsten, die ich für das Versuchsamt zu fahren hatte – volle fünf Wochen waren wir mit nur zwei Wochenendunterbrechungen von zu Hause weggewesen. So etwas ging auch nur dann gut, wenn sich Heizer und Lokführer gut verstehen – bei uns war es so. Danke Peter – Dein Blasius!

E 60 06 rangiert im Jahr 1960 im Münchner Hauptbahnhof. „Blasius“ hatte – im Rahmen seiner Ausbildung zum Lokomotivführer – bei der Bremserpartie ihre Bremsen so gut eingestellt, dass sie nur von zwei Hemmschuhen (die aufmerksame Rangierer gelegt hatten) zum Halten gebracht werden konnte. Aufnahme: F. Rostock

Kohle- und Wasserfassen – Lokbehandlung in Bahnbetriebswerken

Als Lokführer-Anwärter musste man im Jahr 1956 ein Jahr „Hauszeit“ als Handwerker in einem Betriebs- oder Ausbesserungswerk (Bw oder AW) arbeiten. Daran anschließend folgte noch eine Betriebsarbeiterzeit von vier Wochen.

Der erste Teil meiner damaligen Hauszeit war: zwei Wochen Beihilfe bei Revisionen an elektrischen Lokomotiven, zwei Wochen an E 32, E 60, E 63, E 75 und E 91 Treibstangen aus- und einbauen, viereinhalb Wochen Bremsklötze wechseln und zwei Wochen krank sein – ein Bremsklotz hatte meinen linken Zeigefinger deformiert. Das war's dann auch schon in der Ellokhalle des Bw München Hbf. Halt – noch etwas, und zwar etwas, was bis heute Bestand hat – ich, der Franz, wurde auf „Blasius“ umgetauft. In unserer „Bremserpartie“ waren lauter Franz'n –, aber wenn der Boß, der Maisch Toni, „Franz“ rief, kamen alle – oder keiner. Ein unhaltbarer Zustand! Und weil meine Freundin am Blasiustag Geburtstag hatte, nahm ich diesen Namen an. Diese Freundin von damals ist bis heute noch immer mein Hobby Nr. 1, nur trägt sie seit 1960 wie ich den Nachnamen Eigl.

Bei der Bremserpartie gehörte zum Klotzwechsel natürlich auch das Bremsenregulieren. Einmal wechselten wir zu zweit die

Die weltweit erste Gleichrichter-Versuchslok E 80 01, die ihre Energie sowohl aus dem Fahrdraht als auch aus mitgeführten Batterien entnehmen konnte, hatte „Hausdienst“ beim Bw München Hbf und schleppte E 60 06 mit ihren falsch regulierten Bremsen in die Lokhalle. Aufnahme: Sammlung Dr. Brian Rampp

Treibstangen und Bremsklötze an Altbau-Elloks aus- und einbauen gehörten zum „Teil 1“ der „Hauszeit“ Franz Eigls. Zu diesen Maschinen zählte auch die viele Jahre im Bw München Hbf beheimatete E 32 27. Am 11. August 1969 ist die im Jahr zuvor in 132 027 umgezeichnete Lok in München Hbf im Rangierdienst eingesetzt. Aufnahme: GG

Klötze der E 60 06, damals Rangierlok in München Hbf. Nach der Arbeit verzog ich mich zum Brotzeitmachen auf irgendeine E 18. Auf einmal erscholl ein Ruf nach mir. – Nicht Blasius – nein „Eigl“ rief der Toni, mit einem Ton, der nichts Gutes ahnen ließ. Ich kam zu ihm, und wir zwei standen wieder vor der E 60 06 – und zwar wieder hereingeschleppt von der Gleichrichterlok E 80 01. „Wer hat die Bremse reguliert???“ schallte es unüberhörbar in der Halle. – „Ich“, erwiderte ich äußerst kleinlaut! Ich hatte die Bremse „so gut“ eingestellt, dass die Lok vor der Übergabestelle nicht mehr zum Halten gebracht werden konnte und im Hauptbahnhof mit zwei Hemmschuhen aufgefangen werden musste. Glücklicherweise gab der Lokführer auf der gesamten Strecke bis zur Hacker-

Teil 2 der „Hauszeit“ fand im Dampflok-Schuppen 4 des Bw München Hbf statt. Hier ein Blick auf die Anlage mit 78 492 auf der Drehscheibe und 78 303 rechts im Schuppen am 5. September 1964. Aufnahme: Johannes Straube, Sammlung Carl Asmus

brücke Notsignale mit der Lokpfeife, und dies hatten Rangierer gehört, richtig gedeutet und daraufhin richtig gehandelt. Glück gehabt – keine Folgen für mich!

Hauszeit – 2. Teil: Dampflokomotiven – für mich als Elektriker absolutes Neuland. Natürlich hatte ich keine Ahnung, wie so ein selbstfahrender Riesenofen von innen aussieht, wenn man von Museumsbesuchen einmal absieht. Ich kam also ins Haus 4 des Bw München Hbf. Dort fragte mich der Meister, wo ich denn in der Ellokhalle gearbeitet hätte. Meine Antwort: „Zwei Wochen Stangenbau, 4 ½ Monate Bremsklötze, ...“ (siehe oben)! – „Das ist gut“, meinte dieser, „das machst du hier auch!“ Also wieder fünf Monate Bremsklötze wechseln, 14 Tage zwischendurch Stangen aus- und einbauen und 14 Tage – nein, nicht schon wieder krank, da kein Bremsklotzfinger – nein, 14 Tage Urlaub! Übrigens – damals der Jahresurlaub eines jungen, ledigen Eisenbahners!

Danach kam die Betriebsarbeiterzeit: Beihilfe (Ausbildung) beim Feuermann, Rohrblasen und Putzgraben. Und genau am Putzgraben durfte ich am ersten Tag meiner „Betrazeit“ beginnen. Ich marschierte also vom Rundhaus rüber zum Aufenthaltshäuschen, um mich dort vorzustellen und auch, um etwas zu lernen. Noch unterwegs dorthin lernte ich etwas, was schon viele andere auch unfreiwillig gelernt haben, nämlich, dass auf Wasser schwimmende Schlacke zwar wie ein fester Weg aussieht, aber keinen Menschen trägt! Mit anderen Worten – ich nahm ein Bad im wassergefüllten Schlackegraben, und dies Anfang Oktober 1957. So stellte ich mich völlig verdreckt und durchnässt beim Putzgrabenteam vor. Die beiden Arbeiter dort machten sich natürlich über mich lustig, einer besonders, etwa 115 kg schwer, fast zwei Meter groß. Und gerade dieser war, wie sich später herausstellte, nicht gerade der Fleißigste. Der kannte natürlich aus langjähriger Erfahrung die Loks, die von der Bekohlung zum Putzgraben vorfuhren. Vor allem aber – woher sie kamen. Er kannte genau die Leistungen der Fahrzeuge und die Gewohnheiten der Heizer aus Lindau, Würzburg, Treuchtlingen, Mühldorf usw. Also wusste er auch stets, welche Loks die vollsten Rauchkammern hatten, dazu, bei welchen das Feuer über die gesamte Rostfläche geputzt werden musste, und natürlich kannte er auch die Maschinen, bei denen der Heizer bereits alles vorbereitet hatte und nur noch über den Kipprost entschlackt zu werden brauchte. Ich „durfte“ also stets – na, welche wohl? – die Loks mit dem größten Arbeitsaufwand behandeln. Damals schwor ich ihm Rache!

Als ich dann später als Lokführer zu ihm kam, machte er jedesmal die Rauchkammer meiner Maschine auf – und musste das Feuer von vorne bis hinten putzen. Ich hatte nämlich stets einen Dienstplan von „ihm“ dabei. Und ich hatte stets volle Rauchkammern – besonders in den Jahren 1960 bis 1963, bei den Dampfwendezügen. Gerade bei diesen Zügen hatte ich immer gute Kameraden als Heizer (stets junge Reservelokführer), die die alten P 8 droschen, als ging es um Meisterschaften! Aber wenn „er“ nicht am Putzgraben war, blieb bei mir die Rauchkammertür zu. Dazu muss ich noch erwähnen, dass alle jungen Lokführer in den Genuss des Nichtfleißes von „ihm“ kamen und jeder bei diesem Herrn eine Rechnung offen hatte.

Aber eines Tages waren wir zwei dann quitt! Ich fuhr ja jahrelang für das Versuchsamt die im Bw München Hbf beheimateten Loks 50 975 und 45 023 bzw. die Mindener 45 010 und 45 019. Einmal kam ich nach einem etwas längeren Einsatz von der Versuchsfahrt zurück, als wir fünf Wochen wir mit 50 975 unterwegs gewesen waren, um die H-Bremse der Diesellok V 100[23] zu testen. Wir mussten ziehen, die Diesellok bremste hydraulisch. Dabei gab es Tage, an denen wir 12 Tonnen Kohle durch den Kamin jagten. Wir droschen mit etwas mehr als 16 atü im Schieberkasten und der Steuerung auf 38 %. Dabei riss es schon „etwas“ Flugasche zur Rauchkammer vor, aber diese blieb fünf volle Wochen geschlossen. Als wir dann endlich in Richtung Heimat fuhren, bekamen wir bei dieser Lz-Fahrt doch „tatsächlich“ ein warmes Treibstangenlager, das noch unbedingt unterwegs repariert werden musste. So schafften wir es, dass wir erst nachmittags am Putzgraben des Bw München Hbf eintrafen. Vorsichtshalber war

Teil 3 der „Hauszeit“ bedeutete Betriebsarbeiterzeit an der Dampflokbehandlungsanlage des Bw München Hbf – Feuern, Rohrblasen, Putzgraben – und ein unangenehmer Ausrutscher in die Brühe. Aufnahmen 1963: Carl Asmus

am Tender ein Träger „Beruhigungsbier“ verstaut. Es hätte ja sein können, dass unser „Freund“ in Urlaub war oder krank, und ein anderer hätte in den Genuss dieser „Rauchkammer-Speziale“ kommen müssen. Aber „er“ war da! Das Feuer war schnell entschlackt, aber als er den letzten Vorreiber der Rauchkammer öffnete, ging diese bereits von selbst auf. Eine Lawine von Flugasche fiel herab. Voll bis zum Nummernschild! Das Blasrohr, aus dem der Abdampf ausströmt, war die tiefste Stelle der Rauchkammer. Er wurde blass! Beim Leerschaufeln nahm er sich viel Zeit. Wir hetzten ihn nicht, denn nach fünf Wochen kommt's auf eine Stunde ja auch nicht mehr an.

Zum Entsetzen des Donauwörther Betriebsarbeiters an der dortigen Bekohlungsanlage verlassen 50 975, hier auf der Drehscheibe, und der Koloss 45 023 am 16. Mai 1967 das Bw München Hbf zu Messfahrten in der Umgebung Donauwörths.

Aufnahmen: Dr. Walter Abriel (links) und Karl Ismaier, Slg. Heinz Skrzypnik (unten)

Übrigens, bei dieser fünfwöchigen Messfahrt, die unter anderem auch eine Woche im Raum Donauwörth durchgeführt wurde, hatte ein armer Betriebsarbeiter mit uns sehr viel Arbeit. Bekohlt wurde in Donauwörth. Die dortige Bekohlungsanlage bestand aus einigen Kipploren und einem Arbeiter, der diese Loren aus einem offenen Güterwagen von Hand einfüllen musste. Einen Bagger gab es dort nicht (mehr), denn zu dieser Zeit kam täglich planmäßig nur noch eine Dampflok der Baureihe 78 aus Richtung Aalen zum Bekohlen. Daher brauchte der Arbeiter täglich nur zwei oder drei Loren zu füllen. Aber als wir mit unserer 50 975 kamen, holten wir täglich zweimal den Inhalt von sechs oder sieben seiner mühsam gefüllten Loren ab. Zweimal fuhren wir abends extra nach Augsburg, zum „Bremsen regulieren“. In Wirklichkeit aber dampften wir, mit dem letzten „schwarzen Gold“ auf dem Tender, zum Bekohlen nach Augsburg, 41 km hin und her. Er war uns dafür sehr dankbar.

Als wir etwa drei Monate später erneut zu Messfahrten nach Donauwörth kamen, und dies mit 50 975 und 45 023, war dieser Arbeiter total entsetzt. Einen solchen Koloss wie die Baureihe 45 hatte er noch nie gesehen! Und die sollte er jetzt in Handarbeit bekohlen? Um Gottes Willen! Um dem erahnten Kohlehunger der beiden Maschinen zu entkommen, wollte er sich schon Zyankali in den Kaffee mischen und sich dann mit einem Strick um den Hals über der tiefsten Stelle der Donau erschießen!

Wir erklärten ihm, dass es dieses Mal Belastungs-Messfahrten seien, bei denen nur die Riggenbach-Gegendruckbremsen der beiden Loks gebraucht würden, so dass der Kohleverbrauch diesmal fast null sei, dass wir außerdem zum Bekohlen nach Augsburg fahren würden und wir für ihn einen Träger Oktoberfestbier mitgebracht hätten. Daraufhin war er sichtlich erleichtert, wesentlich freundlicher und machte seinen angekündigten vierfachen Selbstmord rückgängig!

Apropos Bekohlen und Wassernehmen unterwegs: Manche der Wasserspender für Lokomotiven hatten besondere Überraschungen auf Lager.

Stichwort Buchloe: Dort gab es zwischen Gleis 1 und 2 einen ganz „speziellen": Äußerlich war er wie alle anderen auch. Aber für Neulinge hatte er immer wieder einen „Scherz" parat. Man fuhr nach dem Abkuppeln vor. Der Heizer bewegte den Drehausleger über die Einfüllöffnung des Tenders und drehte das Handrad in Richtung „auf". Meist dauerte es nur einige Sekunden, bis das Wasser rauschte. – Nur, wo kam das Wasser heraus? Zwei Drittel flossen über den Ausleger in den Tender, und ein Drittel quoll aus dem oberen Gelenk des Standrohrs über denjenigen, der das Handrad drehte! Also über jeden „Buchloe-unkundigen" Heizer. Fairerweise machte man einen „Neuen" im Winter auf diesen „Wasserclown" aufmerksam, denn ein „Eiszapfen" als Heizer bringt einem Lokführer doch nichts. Aber unzählige junge Kollegen bekamen an heißen Tagen ihre Schockbrause unter dem Gelächter der anderen ab. Meist Anwärter, die als dritter Mann zur Ausbildung auf dem Führerstand mitfuhren. Auch ich war mal einer von diesen, die nass wurden!

Ein anderes Musterexemplar von Wasserspender stand in **Riedlingen** an der Strecke Ulm – Sigmaringen. Wie ich schon erklärte, fuhr ich für's Versuchsamt öfter mal von München nach Offenburg. Mit unserer 50 975 war dieser Weg der kürzeste, und Riedlingen lag etwa auf der Hälfte der Strecke. Der Wasservorrat, dachte ich mir, müsste bis dahin reichen. Er reichte locker aus, also war Wassernehmen in Riedlingen angesagt. Wir fuhren also ran an den Wasserspender am Hauptgleis links. „Drei Meter" – „zwei Meter" — „einen Meter", dirigierte mich der Heizer. „Halt!" Mit zwei Messwagen genau ranfahren – kein Problem. Mein Heizer hatte das Wasserfassen im Griff, ich ging inzwischen um die Lok – rechts nach vorn – links nach hinten – Lagerkontrolle! Da sah ich, dass kein Wasser sprudelte. Mein Peter drehte mit aller Gewalt. Er bekam den großen Wasserhahn nicht auf. Ich half mit – doch auch zu zweit brachten wir den Absperrschieber nur um einen einzigen Zentimeter weiter. Wir holten den Kohlehaken als Verlängerung – zwei, höchstens drei Zentimeter ließ sich das Handrad bewegen. Hoffnungslos – das verflixte Ding ging nicht auf! Da bemerkten wir einen Kollegen im nahen Stellwerks-Fachwerkhäuschen, der lachte und lachte vor Schadenfreude, kam schließlich zu uns herüber und meinte: „Wer hier Wasser braucht, der braucht auch Streckenkenntnis!" Der Wasserkran hatte einen Absperrschieber mit „falschem" Gewinde! Rechts rum auf – links rum zu. Aha! Ich glaube, fester hatte diesen Schieber zum Wassernehmen noch niemand zugedreht als wir zwei. Diesen Wasserkran, und vor allem den aus vollem Hals lachenden Stellwerksbesitzer werde ich nie vergessen.

Fast in die Bredouille kam Franz Eigl am Samstagmorgen in Offenburg: Die Bekohlungsanlage war am Wochenende geschlossen! Aber gelernt ist eben gelernt. Schlüssel holen, Lageplan studieren, Weichen stellen – und ab an die Kohlen. Selbst den riesigen Kran setzten er und sein Heizer selbst in Bewegung. Aufnahme in Offenburg: GG

Stichwort Offenburg: Rund zwei Wochen Messfahrten auf der Schwarzwaldbahn: Hausach – Triberg – Sommerau! Die landschaftlich schönste Strecke, die ich kenne! Wetter bestens – Lok problemlos – jeden Abend Kohlefassen und Wassernehmen, anschließend geselliges Beisammensein im Messwagen oder ein kleiner Spaziergang. Am letzten Freitag war ein Abschiedsabend im nahen Weindorf Rummerweier angesagt. Wir stellten unsere gute 50 975 ohne Kohlefassen und Wassernehmen einfach ab; schnell noch duschen und fein anziehen, und schon ging's zusammen mit der Messzugmannschaft in Richtung „Kühler Krug". Gegen Mitternacht war Feierabend – wir schauten noch einmal nach unserer Lok – Ruhefeuer und Wasserstand in Ordnung – also ab in die Federn.

Samstag früh – wir meldeten uns in der Lokleitung und sagten: „In etwa einer Stunde, wenn wir Kohle und Wasser gefasst haben, sind wir abfahrbereit nach Mannheim." Der Lokleiter schaute uns ganz erstaunt an: „Heute keine Kohlen – auch keine Drehscheibe – samstags gibt's bei uns nur noch Wasser!" – Wie bitte? Und was nun??? Na ja, – wir waren ja nicht das erste Mal in Offenburg. Längst hatten wir beobachtet, wo jeden Abend der Schlüssel für das Stellwerk „versteckt" wurde; eine Drehscheibe ist auch zu knacken, wenn man den Hauptschalter findet, und beim Bekohlen war ich schon immer sehr neugierig. Wir blinzelten uns nur zu.

Der Lokleiter meinte doch tatsächlich zu uns, wir sollten den Schwarzwald „rückwärts" hoch bis Villingen fahren, dort gäb's dann Kohlen und eine Drehscheibe. Wir gingen raus zur Lok und fuhren los – aber nicht zu unseren Wagen – nein – in Richtung

Selbst in den hohen Norden verschlug es Franz Eigl im Rahmen seiner Messfahrten. In Minden übernahmen er und sein Heizer 45 019 (oben und unten) der dortigen Lokomotiv-Versuchs-Anstalt und stellten die mitzuführenden Messwagen bereit. Außer einigen sprachlichen gab es bei diesen Fahrten keinerlei Schwierigkeiten.

Norden – zum unbesetzten Stellwerk hin. Schlüssel nehmen – rein ins Stellwerk – Lageplan studieren – richtigen Weichenhebel umstellen, und ab ging's zur Drehscheibe. Der Hauptschalter dafür befand sich, wie vermutet, im Stellwerk. Lok gedreht – richtige Weichen umgestellt – und ab zur Bekohlung. Wir hatten keine Probleme mit diesem Riesending. Der Strom war eingeschaltet. Wir bedienten alles genau so, wie wir es von den Offenburger Betriebsarbeitern abgeschaut hatten. Nach einer knappen Stunde war alles vorbei. Stellwerk wieder verschlossen und die Weichen wieder alle in Grundstellung. Wir begaben uns wieder in die Lokleitung und meldeten uns frisch bekohlt und gedreht zur Abfahrt. Auch die Wiegekarte mit Lokdaten und unserer Unterschrift überreichten wir dem Lokleiter. Er glaubte uns nicht und dachte, wir wollten einen Scherz mit ihm machen. Erst als er sich „augenscheinlich" vom aktuellen Zustand unserer Lok überzeugt hatte, schüttelte er sein fassungsloses Haupt. Wir erläuterten ihm, dass bayerisches Lokpersonal im Münchner Hofbräuhaus vom Engel Aloisius stets „Göttliche Eingebungen“ bekämen und daher Bescheid wüssten, wie alles funktioniert …

Diese Messfahrten führten uns auch öfter mal an die Ränder der Bundesrepublik. In Bahnbetriebswerken wie Haltingen, Saarbrücken Hbf und Braunschweig tauchten wir mit unseren Exoten auf. Dabei gab es hier und da auch einige Sprachschwierigkeiten.

Stichwort Emden: Dorthin waren wir einmal mit zwei Loks der Baureihe 45 im Einsatz. Ein Personal aus Minden auf 45 010 und eins aus München – also wir – auf 45 019! Natürlich waren wir beide total fremd in der Gegend und vor allem in den Bw's, die wir anfuhren. Unseren Mindener Kollegen, den Ali (von Alois) Tiede kannte ich schon von früheren Fahrten; er meinte: „Fahr immer hinter mir her, dann passiert schon nichts.“ So geschah es auch am Putzgraben in Emden. Nach Abhängen des Messzuges kuppelten wir auch die beiden Loks auseinander. Ali fuhr voraus zum Ausschlacken – wir beide hinter drein; Ali ging in die Einschreibbude und kam wieder raus. Ich ging rein, sagte mein bayerisches „Grüß Gott“ und schrieb ein „Ausschlacken und Rauchkammer entleeren“ ins Buch. Der Betriebsarbeiter in der Bude schaute mich an, als wäre ich ein exotisches Wesen und antwortete: „Moin-Moin.“ Erstaunt entgegnete ich ihm: „Naa! – Heut'!“ Er wiederholte darauf ebenso erstaunt: „Moin-Moin!“ Dieses ostfriesisch-typische „Moin-Moin“ hörte ich hier zum erstenmal in meinem Leben, es hörte sich so an wie im Bayerischen Morgen – Morgen (Moing-Moing). Ich verstehe normalerweise Bayerisch, Hochdeutsch und als Fremdsprache Österreichisch. Dieses Plattdeutsch-Ostfriesische Idiom überforderte aber meinen Geist, und ich verstand kein Wort von ihm und er auch nichts von dem, was ich ihm zu sagen hatte. Offensichtlich stießen hier zwei fremdsprachenunbegabte Randdeutsche aus Südost und Nordwest aufeinander. Unser „Fremdenführer“ Ali ahnte etwas und kam mir zu Hilfe. Er verstand dieses eigenartige Sprachengewirr und übersetzte ihm meine Wünsche. Er erklärte diesem ostfriesischen Ureinwohner, das mein Heizer und ich tatsächlich und leibhaftig aus dem sagenhaften Oberbayern kämen, was dieser wiederum kaum zu glauben vermochte!

Ulli, mein Heizer, hatte inzwischen Wasser genommen und selbst entschlackt. Der Betriebsarbeiter, der Alis Lok „bearbeitet“ hatte, Alis Heizer und mein Ulli kamen nach und nach in die Putzgrabenbude. In diesem Raum war es anfangs verdammt trocken. Ulli unternahm etwas gegen die Trockenheit, indem er mehrmals zur Lok ging. Dann ging's los, fast drei Stunden blieben wir zu sechst sitzen. Die beiden Ostfriesen waren bis dahin der Meinung gewesen, dass „Bayerseppls“ immer nur in der Lederhose rumlaufen und dauernd Bier aus großen Riesenpötten (er meinte wohl unsere Maßkrüge) saufen würden. Wir überzeugten die beiden, dass nicht alles stimmen würde, was man sich im hohen Norden so über das ferne Oberbayern erzählen würde. Nur das mit dem Bier war gerade bei uns nicht ganz falsch. Wir hatten nämlich immer „Bestechungsbier“ (siehe Donauwörth) an Bord. Dieses Bier brauchte man damals ab und zu für Sonderwünsche. Auch kleine Fehler, aufgefahrene Weichen und ähnliches wurden damit leichter „übersehen“. Dazu muss ich aber ausdrücklich erklären, dass dieses Getränk nie unterwegs getrunken wurde, sondern höchstens zum Feierabend im Messwagen oder – wie in Emden – bei solchen Gelegenheiten. Während der Fahrt befand sich garantiert kein Alkohol in unserem Kreislauf. Für mich und auch für meine Heizer galt – wie für alle Eisenbahner im Dienst – striktes Alkoholverbot! Ich beachte es auch heute noch, wenn ich als Techniker auf unseren beiden Museumsloks E 18 08 und E 16 09 mitfahre, obwohl ich als Pensionär nur noch ehrenamtlich tätig bin.

Die zweite Lok dieser Messfahrten übernahmen Personale aus Minden. Zuvor musste 45 010 in ihrem Heimat-Bw nochmals Kohlen ergänzen. Aufnahmen (3) 1965 in Minden: GG

Vom Führerstand seiner 118 002 beobachtete Franz Eigl in München Hbf die zahlreichen Reisenden, unter ihnen eine Gruppe von Gastarbeitern, die offensichtlich nicht in seinem Zug mitgenommen werden sollten, da dieser in Huglfing planmäßig keinen Halt hatte. Aber es gibt eben auch „außerplanmäßige Möglichkeiten" … Aufnahme im September 1968: GG

Der letzte Zug nach Mittenwald – oder: Menschlichkeit hat Vorrang

Im Frühjahr 1971 hatte ich an einem Sonntagabend einen Eilzug nach Mittenwald zu fahren, damals der einzige Zug, der in dieser Richtung planmäßig mit E 18 bespannt wurde. Es war die Zeit, in der – seit dem 1. Januar des Jahres – bei der DB statt 43 nur noch 42 Stunden in der Woche gearbeitet werden musste.

Die hierzu erforderlichen Dienstplanveränderungen ergaben in meiner Dienststelle einen neu einzuführenden Plan für drei Lokführer. Es war ein wunderbarer „Resterlplan". Aus allen Dienstplänen war jeweils eine Dienstschicht herausgenommen worden, und zwar nur so oft, dass die durchschnittliche Wochenarbeitszeit um eine Stunde verkürzt werden konnte. Für drei Lokführer aus dem Sonderdienst ergab dies einen geregelten Dienst.

Nachdem sich zeigte, dass in diesem Resteplan sehr viele Schichten vor fünf Uhr morgens begannen und auch einige weit nach Mitternacht endeten, wollte einer dieser drei Kollegen nicht in diesem Plan arbeiten. Anfahrt- und Heimfahrprobleme gab er als Begründung an. Stattdessen wurde dann ich in diesen Dienstplan eingeteilt. Innerhalb von jeweils drei Wochen durfte ich nun planmäßig dreimal nach Stuttgart, einmal nach Nürnberg und einmal nach Salzburg fahren, dazu einige Berufs- und Nahgüterzüge im Großraum München, einen Nachtzug nach Ingolstadt sowie jeden dritten Sonntag meinen Lieblingszug nach Mittenwald.

Dieser E 1897, „Theaterzug" genannt, verkehrte nur sonntags. Leute in Gala waren nur selten seine Fahrgäste, dafür aber auffallend viele junge Männer in einer einheitlich grau-grünen Einheitskleidung! Soldaten der Bundeswehr, die sich auf der Rückreise vom Wochenendurlaub in die Mittenwaldkaserne befanden. Abfahrtszeit war genau um 23 Uhr – entsprechend schliefen die

Auf der Fahrt nach Süden begegnet Franz Eigls Zug in München-Pasing Pbf dem S-Bahn-Triebzug 420 020, der als S 3 nach Maisach fahren wird. Der Richtungsanzeiger Zs 2 vor dem Zug mit dem großen „A" weist auf die Fahrt in Richtung Augsburg hin.

Aufnahme: Dr. Walter Abriel

Beim zweiten Halt in Tutzing erfuhr Franz Eigl von seinem Zugführer, dass dieser die Bahnpolizei in Weilheim verständigt habe (rechts). Franz Eigl überlegte nicht lange. Er war sich klar darüber, dass er in Huglfing außerplanmäßig halten würde um die Gastarbeiter und ihre Familien aussteigen zu lassen. Entlang der Strecke München – Garmisch-Partenkirchen gab es noch zu Beginn der achtziger Jahre Interessantes zu sehen wie z.B. die Draisine neben dem Stellwerk in Tutzing (unten) sowie den aus einer Holz- und Wellblechbude bestehenden Posten 6 bei Diemendorf (ganz unten).

Aufnahmen (3): GG

Soldaten meist über die ganze Strecke. Ich bemühte mich auch stets, gerade diesen Zug so sanft wie möglich nach Mittenwald zu „zelebrieren". Nur am Ziel „knallte" ich den Zug dann mit einer Schnellbremsung an den Bahnsteig – Aufwachen – Endstation!

An so einem Sonntag beobachtete ich auf meiner 118 002 im Münchner Starnberger Bahnhof, etwa zehn Minuten vor der Abfahrt, eine Gruppe südländisch aussehender Personen. Zehn Männer, sieben Frauen und neun Kinder – zum Teil im Kinderwagen. Natürlich mit sehr viel Gepäck. Sie waren dabei, mit dem Aufsichtsbeamten zu verhandeln, offensichtlich aber erfolglos. Es waren nur noch wenige Minuten bis zur Abfahrt, da trat einer der Männer aus der Gruppe – er konnte gut Deutsch – zu mir an die Lok heran. Er fragte mich, ob der Zug in Huglfing planmäßig halten würde. Ich antwortete mit „nein" – enttäuscht ging er zu seinen Landsleuten zurück – anschließend großes Achselzucken.

Da erinnerte ich mich an Meldungen im Rundfunk, die von einem Zugunglück im Ausland berichtet hatten. Sofort kletterte ich von der Lok, lief zur Gruppe hin und fragte: „Wollt ihr alle nach Huglfing?" – „Ja, große Verspätung in Jugoslawia – Zug andere Strecke – wir morgen müssen in Arbeit sein, bei Beton- und Kieswerk – Chef sonst wird sehr böse sein!" Da gab es für mich kein Überlegen mehr. „Alle einsteigen – der Zug hält in Huglfing!" Während sie alle einstiegen, telefonierte ich mit dem Fahrdienstleiter in dem kleinen Ort und informierte ihn, dass ein Rudel „Gastarbeiter" bei ihm aussteigen werde und er doch bitte die Bahnsteigbeleuchtung einschalten solle. Der wiederum antwortete mir, dass die „Kollegas" von dem Kieswerk schon seit etlichen Stunden auf die verschollene Gruppe warteten und diese Leute bei jedem Zug, der in Huglfing anhielt, abholen wollten. „So, dann kommen sie also doch noch – da muss ich im Kieswerk Bescheid geben, dass sie ihre Leute nun abholen können." Der Zugführer bekam von diesen Gesprächen nichts mit, er war ja am Prellbock, beim letzten Wagen, ganz normal bei diesem Zug; – Türsicherung – Abfahrtsauftrag, wenn niemand mehr kommt.

Pünktliche Abfahrt in München. Beim zweiten planmäßigen Halt in Tutzing kam der Zugführer zu mir und verständigte mich, dass er soeben für den nächsten Halt in Weilheim die Bahnpolizei

bestellt habe. Ich dachte an betrunkene Soldaten oder Schwarzfahrer im Zug. So etwas kommt ja öfter mal vor.

Unterwegs zwischen Tutzing und Weilheim arbeiteten meine Gehirnknöchelchen und -zahnräder etwas schneller als sonst. Schließlich kam mir der Gedanke: „Der will die Gastarbeiter rauswerfen – das darf doch nicht wahr sein!“ Mein Entschluss stand daraufhin fest: In Weilheim „verbremst“ sich der Blasius heute und bleibt weit vor der Bahnsteigunterführung stehen. Normalerweise steht der erste Wagen hier sonst genau bei der Treppe.

Auch der frisch verputzte und in freundlichem Weiß gestrichene Posten 9 bei Weilheim (oben) stammt noch aus alten Eisenbahntagen. In der Einfahrt von Weilheim begegnet unser Zug der mit Rangieraufgaben beschäftigten 140 014 (unten). Rechts von der Lok ist hinter dem Buschwerk der Weilheimer Lokomotivschuppen zu sehen. Aufnahmen: GG

Bahnhof Weilheim. Zwei Polizisten stehen an der besagten Treppe. Meine Lok etwa eine Wagenlänge davor. Sofort kamen die „Sherrifs“ zu mir an die Lok heran – „Wo sitzt denn das Volk, das nicht aussteigen will – diese Kanaken?“ – „Ach so,“ war meine Antwort, „wegen denen seit ihr gerufen worden. Die wollen und müssen nach Huglfing. Und dort steigen sie auch freiwillig aus, weil der Zug heute dort ausnahmsweise anhält!“ Verärgert fragten mich die Polizisten daraufhin: „Und wieso hat dann der Ar … von Zugführer nach der Polizei gerufen?“ – „Er weiß von dem Sonderhalt nichts, weil der erst unmittelbar vor der Abfahrt genehmigt worden war und ich ihn nicht mehr verständigen konnte. Er hätte mich ja in Tutzing fragen können oder mir mitteilen, warum er die Polizei haben will.“ Da kam auch schon der Zugführer zu uns heran. Ich erklärte ihm: „Die Leute bleiben im Zug bis Huglfing. Dort wird angehalten. Der Anführer der Gastarbeiter kam auch noch aus dem Wagen zu uns hergelaufen und flehte inständig: „Laßt uns doch bis Huglfing mitfahren – ist doch fast Mitternacht, Kinder, Frauen, jeder von uns erschöpft von langer Fahrt!“ Ich unterbrach einfach die Verhandlungen: Kollega, steig ein – eure Leute vom Kieswerk sind in Huglfing am Bahnsteig. Sheriffs, auf Wiedersehen! Abfahren! Ich kletterte wieder auf meine Maschine und fuhr einfach los, nachdem ich gesehen hatte, dass alle Türen zugeschnappt waren.

In Huglfing war der Bahnsteig wie gewünscht beleuchtet, und auf dem Bahnhofsvorplatz standen auch einige Kraftfahrzeuge, um die erschöpften Gastarbeiter in ihre Unterkünfte zu bringen. Ich habe noch nie so viele Leute mit solchen Gepäckmengen so schnell aussteigen gesehen wie in dieser nächtlichen Stunde. Innerhalb von nur 30 Sekunden konnten wir weiterfahren. Der Anführer der Gruppe warf mir beim Losfahren noch eine Zigarettenschachtel durch das offene Führerstandsfenster. Erst später stellte sich heraus, dass der Inhalt nicht nur aus „Glimmstengeln“, sondern auch aus einigen Geldstücken bestand. Darum hatte er auch so gut getroffen. Bis Garmisch-Partenkirchen hatte ich die paar Sekunden längst wieder ausgeglichen. In Mittenwald, dem Zielbahnhof meines Zuges, fragte mich – nach meiner gewohnt harten Bremsung – der Zugführer, wer denn den Sonderhalt in Huglfing genehmigt hätte, denn die Aufsicht in München habe ihm nichts davon vorgemeldet. – Meine kurze Antwort war: „Ich!“

Muss denn wirklich alles, aber auch alles über die Zugleitungen genehmigt werden? Wenn schon Züge großräumig umgeleitet werden, dann sagt einem einfach der gesunde Menschenverstand, dass die Leute in den Betriebsleitungen mitunter überfordert sind. Bis ich die offizielle Erlaubnis zum Halt in Huglfing eingeholt hätte, die eigentlich der – meines Erachtens nach – unfähige Aufsichtsbeamte in München hätte beantragen müssen, wäre mehr Zeit vergangen als das Aussteigen gedauert hatte.

Als letztes meinte ich noch – nicht ohne Unterton – zu dem Zugführer: „Den Quatsch mit der Polizei in Weilheim hättest du dir wirklich sparen können!“ Man muss doch in so einem Fall auch mal menschlich sein, meint wenigstens Ihr Blasius mit seinem „Mechanikhirn“!

Im kleinen Bahnhof Huglfing sind die Gastarbeiter endlich am Ziel ihrer langen Reise angekommen – Franz Eigl ist sehr zufrieden! Aufnahme: GG

Meine Erfahrungen mit den Vorserien-E 03

Als ich im Januar 1974 aus meiner zweiten Abordnung zur Münchner S-Bahn (siehe EK-Special 47 „Die DB vor 25 Jahren, 1972, S. 102 ff) wieder zum Bw München Hbf zurückkam, erhielt ich sofort die Ausbildung auf der Baureihe 103. Auch die Bedienung der vier Vorserienloks 103 001 bis 004 durfte ich erlernen. Der Unterricht und die Probefahrten verliefen prima. Der theoretische Unterricht fand im Bw München Hbf statt, die Übungs- und Prüfungsfahrten auf 103 112 und 103 004 führten nach Stuttgart.

Unsere beiden Ausbilder waren große Freunde der neuen AFB-Technik (Automatische Fahr- und Bremssteuerung). Sie

Auf E 03 004 erhielt Franz Eigl seine Ausbildung für die Vorserien-103. Am 3. Mai 1965 steht die fabrikneue Lok im Betriebsbahnhof Pasing West. Aufnahme: Slg. Dr. Brian Rampp

Am 11. September 1973 verlässt 103 004 München Hbf mit IC 112 „Gambrinus" (München – Hamburg). Mit dieser Lok war Franz Eigl mehrmals unterwegs, so auch bei jener Fahrt von München nach Stuttgart bei guter Witterung und – bei Nieselregen – zurück, eine Tour, die zur Tortur wurde und den erfahrenen Lokomotivführer auf der Geislinger Steige ordentlich ins Schwitzen brachte. Die moderne Technik hat eben auch ihre Tücken … Aufnahme: Dieter Kempf

Teilarbeitenverzeichnis für Ellok

BR 103

Vorbereitungsdienst (V)

I. Teilarbeiten persönlicher Art

	V 1	V 3
(1) a) Der Triebfahrzeugführer meldet sich bei der Lokomotivdienstleitung und erhält seinen Auftrag	/1)	/1)
b) Er sieht die dienstlichen Bekanntmachungen ein, bereitet den Betriebsleistungszettel vor und berichtigt bei Bedarf die La	/1)	/1)
c) Er erhält die für seinen Dienst nötigen Unterlagen und die Schlüssel	/	-
d) Er geht zum Triebfahrzeug und übernimmt es mit den zugehörigen Unterlagen	-	/
e) Er sieht das Übergabebuch ein	/	-
f) Er erkundigt sich beim Vorgänger nach Besonderheiten	-	/
g) Er benachrichtigt die Lokomotivdienstleitung, wenn an Stelle des zugeteilten Fahrzeuges ein anderes übernommen werden muß	/	-
II. Teilarbeiten technischer Art		
(2) Außen an der Lok		
a) Prüfen, ob am Fahrzeug nicht gearbeitet wird Warnflagge bzw. Warntafel beachten)	/	-
b) Prüfen, ob die Stromabnehmer gesenkt sind	/	-
c) Prüfen, ob die örtlichen Anschlußleitungen entfernt sind	/	-
d) Türe zum Führerraum 1 aufschließen	/	-
(3) Im Führerraum 1		
a) Führerraumbeleuchtung bei Bedarf einschalten .	/	-
b) Prüfen, ob die Handbremse angezogen ist	/	-

/ = Arbeit ist vom Triebfahrzeugführer auszuführen

\- = Arbeit ist in dieser Stufe nicht auszuführen

1) = Wenn der Vorbereitungsdienst mit dem Beginn der Dienstschicht zusammenfällt

verlangten, dass Geschwindigkeitswechsel nach unten möglichst genau beim betreffenden Kilometerstein getroffen würden. Zum Beispiel durfte mit AFB zwischen Augsburg und Ulm beim Wechsel von 160 km/h auf 110 km/h kurz vor Gessertshausen der Übergang von „Bremsen" auf „Zugkraft" nur um 200 Meter verfehlt werden. Dabei wurde die Differenz von + 1 km/h am genauen Punkt toleriert. Bei den sogenannten Fahrschalterbremsungen spielten natürlich das Wetter, dieAusgangs- und Zielgeschwindigkeit, die Stellung des Schaltwerks, die Neigungsverhältnisse der Strecke und auch die Zuglänge eine große Rolle. Die beiden Ausbilder hatten dafür eine Rechenformel entwickelt, die wirklich passte. Mit diesen Anweisungen fuhren die 103-Lokführer, die von diesen beiden Ausbildern geschult worden waren. Einige wenige Kollegen benutzten die AFB nur bei gutem Wetter, die meisten aber so gut wie immer. Zur letzteren Sorte Lokführer gehörte ich. Es gab bei mir praktisch keine Tour mit Serien-103, die ich nicht mit AFB gefahren habe. Bei den Voraus-E 03 machte die AFB allerdings manchmal Probleme, die von der etwas anderen Technik dieser Loks herrührten.

Die Bedienung der Vorserien-E 03 war im Gegensatz zu der der Großserienloks etwas ungewöhnlich. Es gab zum einen die herkömmliche Stufenschaltung mit dem Handrad, zum anderen die neue Fahr- und Bremssteuerung, die ebenfalls mit dem Fahrschalterhandrad bedient wurde. Es gab allerdings keine Möglichkeit im Führerstand, die vorgewählte Steuerungsart zu wechseln. Bei den Serien-103 wurde dieses Manko beseitigt.

Auch als gestandener Lokomotivführer hatte Franz Eigl für die 103-Ausbildung wieder Theorie- und Praxis zu „büffeln". Links ein Auszug davon. Sammlung GG

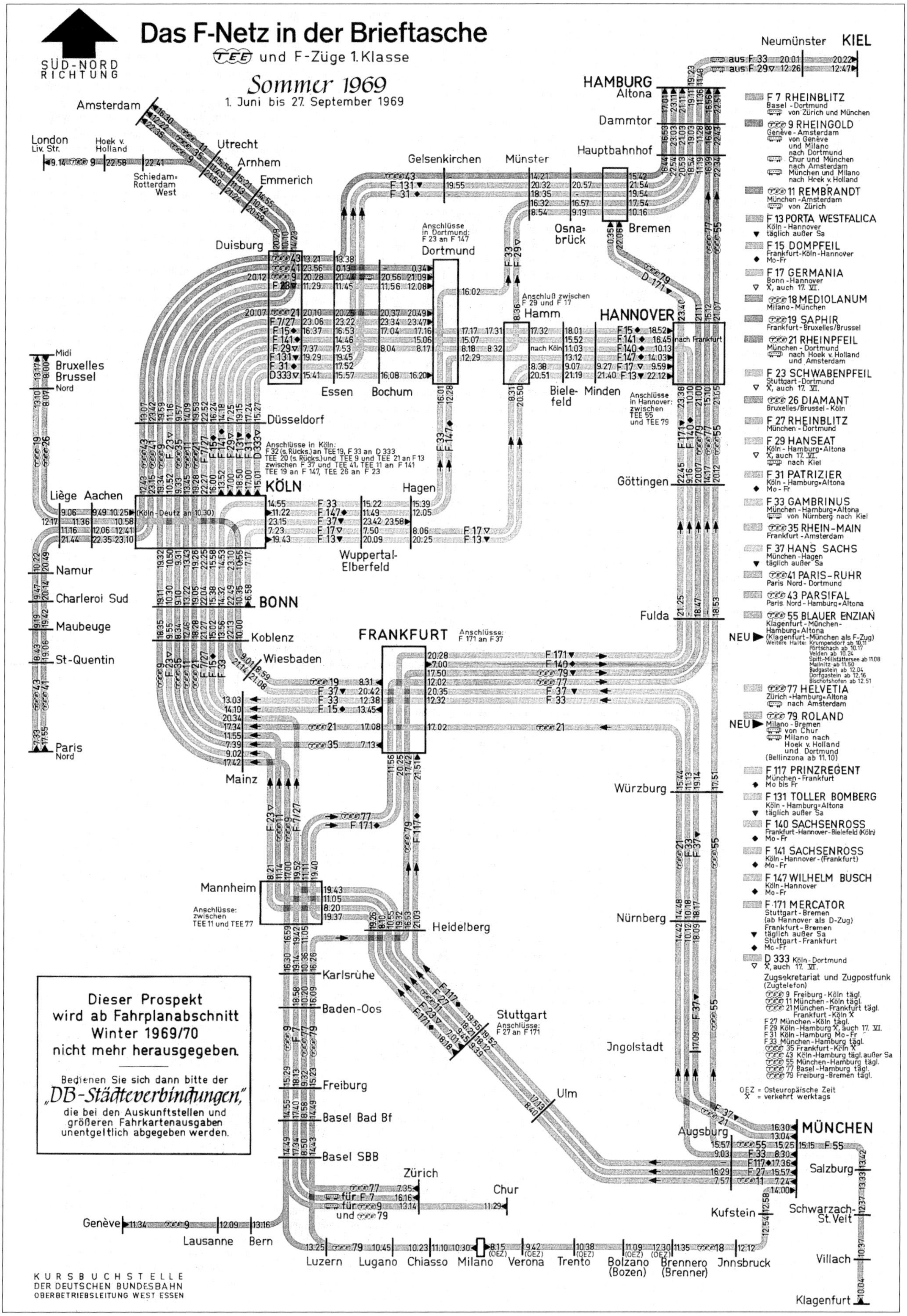

Interessant ist ein Blick auf die TEE- und F-Zugläufe des Jahres 1969. Damals erschien die handliche Übersicht zum letzten Mal in dieser Form. Sammlung: GG

In Stellung „Automatik" gab es zunächst 15 normale Fahrstufen, ab „Stufe 16" begann dann die Geschwindigkeitssteuerung. Stufe 16 entsprach in „Automatik" 30 km/h, Stufe 17 entsprach 40 km/h und so weiter bis 200 km/h. In diesem Bereich des Handrades fuhr die Lok dann konstant die vorgewählte Geschwindigkeit, egal, ob es bergauf oder bergab ging. Wenn man das Handrad z.B. aus Stellung 160 km/h auf 110 km/h drehte, lief zunächst das Schaltwerk ab. Wenn dann nur noch eine ganz geringe Zugkraft vorhanden war, schaltete sich die Lok auf „Bremsen", und der Bremsvorgang wurde eingeleitet. Vor Erreichen der Zielgeschwindigkeit baute sich dann die Bremskraft langsam wieder ab, und genau bei den nun erreichten 110 km/h schaltete das Schaltwerk wieder auf „Fahren", und die Lok fuhr mit genau 110 km/h weiter. Bei nur geringen Geschwindigkeitsveränderungen regelte die Automatik weniger Brems- bzw. Zugkraft als bei größeren Differenzen. Sollte die Lok beim Beschleunigen oder einer Beharrungsfahrt ins Schleudern (Durchdrehen der Räder) kommen, schaltete das Schaltwerk sofort um zwei Stufen zurück. Nach einer kurzen Beruhigungspause begann das Schaltwerk erneut, aufzuschalten. Diesen Wiederaufschaltvorgang konnte man verhindern, indem man das Handrad auf irgendeine Stufe zwischen 15 und 9 drehte. Dort blieb dann das Schaltwerk auf der gerade vorhandenen Fahrstufe stehen (Stufenfesthaltung!). Wenn das Handrad auf irgendeine Stellung zwischen 8 und 1 gedreht wurde, lief das Schaltwerk nach „0". Dies ergab eine wirtschaftliche Ausrollmöglichkeit („Auslauf").

Für eine Fahrt von München nach Stuttgart bekam ich wie immer bei diesem Zugpaar eine Voraus-E 03. Es war E 03 004, die mit der besten Automatik aller vier Lokomotiven. In dieser Zeit waren ohnehin nur noch E 03 001 und 004 in München beheimatet. E 03 002 und 003 waren inzwischen in die nördlichen Bereiche der Bundesrepublik nach Seelze für das Versuchsamt Minden umbeheimatet worden. Bereits im Lokschuppen schaltete ich im Elektronikschrank (im Lok-Maschinenraum) auf „Automatik" um. Bei der Abfahrt herrschte gutes „AFB-Wetter". Alles lief wie am Schnürchen. Unterhalb Geislingen West begann es im Filstal leicht zu regnen. Dies bereitete aber bis Stuttgart keine Probleme. Die Rückfahrt allerdings gestaltete sich etwas schwieriger: Bereits vor der Anfahrt an den Zug kämpft mein innerer Schweinehund mit der Vernunft:

Mit oder ohne Automatik, heißt das Problem. Wer hat wohl gesiegt? Abfahrt in Stuttgart Hbf bei mittlerweile kräftigem Regen. Es läuft zunächst ganz gut. Ein kurzer Schleudervorgang, Stufenfesthaltung, Sanden, anschließend am Handrad stets nur 10 km/h mehr einstellen als die tatsächliche Geschwindigkeit. So komme ich zwar langsamer als normal, aber immerhin trotzdem rascher als mit einer E 10 auf das zulässige Tempo. Zwischen Göppingen und Geislingen lässt der Regen etwas nach. Nieselregen! Dauernd muss ich am Handrad zwischen Stufenfesthaltung und Geschwindigkeitsstufen hin und her schalten. Sanden vermeide ich, denn die Geislinger Steige kommt ja erst noch! Für sie werde ich sehr viel Sand benötigen. Ab Geislingen West sind bis hinauf nach Amstetten 70 km/h zugelassen. Mein Handrad ist auch richtig auf 70 km/h eingestellt. Der Stufenanzeiger rechts neben dem Tachometer steht still. In der großen Rechtskurve schaltet die Automatik etwas nach oben. Die eigentliche Bergfahrt ab Geislingen beginnt. Wie erwartet, schaltet mein Schaltwerk bei der Durchfahrt durch den Personenbahnhof, in dem die Bahnsteige in der Ebene liegen, etwas zurück. Kurz nach dem Ausfahrsignal schaltet die Lok wieder richtigerweise auf – sofort ein Schleudervorgang – zwei Stufen zurück – Stufenfesthaltung – Streuventil betätigen – 70 km/h einstellen. Erneutes Schleudern, gleiche Vorgänge am Führerstand. Mein Zug wird immer langsamer. Zwei Stufen zurück – eine Stufe hoch – Schleudern. Der Bremssand rieselt ununterbrochen! Geschwindigkeit bereits unter 60 km/h! Tendenz sinkend. Trotzdem dauerndes Schleudern. Anscheinend ist der Sandvorrat schon verbraucht?! Meine linke Gehirnmechanik (das ist die, in der mein innerer Schweinehund sitzt) wird von der rechten Gehirnseite (Abteilung Vernunft) beschimpft. Hättest du doch in Stuttgart … oder wenigstens den Schrankdeckel geöffnet.

Schmuddelwetter und Schnee lassen 103 002 in den Tagen vor Weihnachten 1968 ebenso grau erscheinen wie der Bahnsteig in Hannover Hbf, an dem sie soeben hält. Aufnahmen: GG

Der Zug läuft inzwischen nur noch mit knapp 50 km/h, aber immerhin, er fährt noch. Anhalten und Automatik abschalten – bei dem Schmuddelwetter geht das nicht, da kommt selbst eine 103 nicht mehr weg. In meiner verzweifelten Lage schnappe ich mir den Vierkantschlüssel und versuche, nach und nach den Elektronikschrank im Maschinenraum zu öffnen. Gut, dass ich vom Führerstand 2 aus fahre! Sifaknopf auf der linken Seite loslassen, schnell eine Verriegelung öffnen und sofort wieder den Knopf drücken. Hierzu habe ich jeweils nur knapp fünf Sekunden Zeit, ansonsten würde eine Zwangsbremsung eintreten. Es gelingt mir nach dem fünften Versuch, den Deckel zu öffnen. Endlich kann ich das tun, was ich eigentlich in Stuttgart hätte tun sollen – nämlich die Automatik abschalten.

Genau am berühmten Springbrunnen mit der Büste des Ingenieurs Knoll läuft das Schaltwerk kurz nach Null. Jetzt kann ich auf herkömmliche Art und Weise fahren und der Lok zeigen, wer der Herr über das Schaltwerk ist! Aus einer Fahrgeschwindigkeit von knapp 30 km/h heraus beginne ich nun Stufe für Stufe aufzuschalten. Wenn die Vorderachse schleudert, greife ich zur Zusatzbremse und würge das Rad oder die Räder dabei sofort noch eine Stufe mehr – und löse anschließend ganz langsam die Zusatzbremse. Mit dieser brutalen Fahrweise gelingt es mir, meine 12 Wagen in der Steigung wieder auf 60 km/h zu beschleunigen. In Amstetten zeigt mir die Uhr, dass ich zu langsam gefahren bin, aber das hätte ich auch ohne sie gewußt. Aber bis Ulm ist die Verspätung von einigen Minuten längst wieder ausgeglichen. Bis Augsburg fahre ich noch ohne Automatik, beim dortigen Halt am Bahnsteig schalte ich sie dann wieder ein. Allerdings lasse ich den Schraubdeckel noch offen – man weiß ja nie!

Später habe ich mich mit einem Kollegen über diese Fahrt unterhalten. Ich wusste, dass er ebenfalls ein Automatikfan war. Er erzählte mir, dass er mit 103 004 eine ähnliche Schwitztour auf der Geislinger Steige hinter sich gebracht hatte. Er gab mir den

Rat: Schalte doch einfach den voraus laufenden Fahrmotor ab, dann läuft die Achse leer mit, putzt die Schienen, und die nachfolgenden fünf kommen nicht so stark ins Schleudern. Logischerweise probierte ich es bei nächster Gelegenheit aus, und siehe da – er hatte mir einen sehr guten Rat gegeben.

Eine andere Fahrt nach Stuttgart und zurück mit der Vorserien-E 03 an einem sehr heißen Sommertag brachte ganz andere Probleme. Die Hinfahrt war – wie fast immer – problemlos. Stuttgart liegt nun mal einige Meter tiefer als München. Daher ist eigentlich in dieser Richtung nur die Steigung von Ulm nach Beimer-

Großes Aufsehen erregte E 03 001 (oben, in Augsburg) bei ihren 200-km/h-Schnellfahrten zwischen München und Augsburg während der IVA 1965 in München. Zu den planmäßig von Vorserien-103 beförderten Zügen gehörten u. a. die TEE 54 und 55 „Blauer Enzian". An diesem Tag im Sommer 1968 führt 103 001 TEE 54 nach Süden. Während des Haltes in Hannover Hbf steht ein Arbeiter mit Blecheimer und Bürste bereit, um für eine klare Sicht zu sorgen. Anschließend kommt 110 444 an die Reihe. Aufnahmen: Dieter Kempf (oben) und GG

stetten nennenswert, allerdings von der Streckenführung auch oft recht rutschig.

So stehe ich nun im Vorfeld des Stuttgarter Hauptbahnhofs in der Wartegruppe, dort, wo die Loks abgestellt werden, die innerhalb der nächsten Stunde einen Zug übernehmen müssen. Ich stelle eine relativ hohe Transformatortemperatur fest. Auch die Fahrmotoren strahlen viel Wärme ab. Ich lasse alle Lüfter laufen, um alles abzukühlen. Vorsichtshalber schalte ich auch mein „liebstes Spielzeug“, die Automatik, ab. Dadurch kann ich Beschleunigungsvorgänge in niedrigeren Stromstärken einleiten, was sich auf die Temperaturen aller Geräte günstig auswirkt.

Als dann mein Zug an mir vorbei in den Stuttgarter Kopfbahnhof einfährt, ahne ich bereits nichts Gutes. Fünfzehn ausgewachsene, vollbesetzte Schnellzugwagen soll ich mit der jetzt schon fast kochenden Lokomotive nach München befördern! Das bedeutet 80 km/h bergauf. Zwei Anfahrten in die Steigung hinein, nämlich in Plochingen und in Göppingen und die Geislinger Steige dazu. Diese ist allerdings heute „entschärft“, weil wegen Überlast eine Schiebelok erforderlich wird. All dies bringt meine Gehirnmotorik zum Rotieren. Nach dem Motto „es wird schon schief gehen“, setze ich die Lok an den Riesenzug. Nach der Abfahrt schalte ich so schwach wie möglich bzw. so stark wie nur unbedingt erforderlich auf. Bis Göppingen mache „ich“ sogar Verspätung. In der Halbkreiskurve vor Geislingen (Steige) ist es dann soweit. Der Leuchtmelder „Trafotemperatur“ strahlt mir unmissverständlich „Pause machen!“ entgegen. Da ist es aber schon egal, die Schiebelok, eine Augsburger 194 – steht bereit. Nach dem Anhalten höre ich den Pfiff: „Schiebelok am Zug!“. Abfahrauftrag: Mein Pfiff: „Abfahren!“ Schiebelok schiebt los. Nur, Blasius auf der E 03 lässt sich diesmal schieben. Die Lüfter laufen auf Hochtouren. Ich verständige mich über Funk mit dem „194-Lokführer“ und erkläre ihm, warum ich mich schieben lasse. Das ist Kühlpause bergauf! Die brave, vor Kraft strotzende E 94 schiebt also ganz alleine den schweren Zug mitsamt der 103 an der Spitze die fünf Kilometer der Steige hinauf. Aber in Amstetten strahlt der Leuchtmelder, der eine Fahrpause für die 103 verlangt, immer noch! Trafotemperatur aber sinkend. Ich fordere die 194, die sich inzwischen vom Zugschluss getrennt hat, nochmals an. Sie kommt auch sofort wieder an den letzten Wagen. Diesmal wird jedoch angekuppelt, und ich lasse mich bis Beimerstetten weiter schieben. Das sind nochmals gut 12 Kilometer. Bis dahin ist die Trafotemperatur mittlerweile so weit abgesunken, dass einer Weiterfahrt nichts mehr im Wege steht. Nach dem Abkuppeln gibt mir die 194 bei der Abfahrt noch einen äußerst kräftigen Abschiedsschubs, so dass ich bis zum Gefälle vor Ulm fast keine Zugkraft mehr aufwenden muss. Auf diese Weise habe ich eine Kühlpause vermeiden können, und mein Zug hat in Ulm „nur“ 15 Minuten Verspätung, die allerdings bis München nicht mehr ausgeglichen werden können.

Die vier Vorserien-E 03 sind 1974 alle in Hamburg-Eidelstedt beheimatet worden, kamen aber trotzdem immer wieder mal nach München. Die Versuchsanstalt in München-Freimann benötigte oftmals schnelle, kräftige Loks zur Entwicklung neuer Hochgeschwindigkeits-Stromabnehmer für Schwingungsmessungen und zum Probe- bzw. Belastungsbetrieb neuer Lokomotiven. Die ersten Loks der Baureihe 120 entstanden. Ich habe hin und wieder bis Ende 1985 bei Versuchsanstalt Messfahrten-Dienstaushilfe geleistet und dabei die damals schnellste Lok der DB gefahren. Allerdings nicht die vollen, zugelassenen 280 km/h, für die die 103 003 zuletzt zugelassen war.

1983 erhielt 103 003 Schnellfahr-Drehgestelle, die eine Höchstgeschwindigkeit von 280 km/h ermöglichten. Auch Franz Eigl war bei einigen Messfahrten mit dieser Lok dabei, die hier über ein Netz von Kabeln mit dem Messwagen verbunden ist. Als erste und einzige Vorserien-103 wurde 103 003 im September 1989 ausgemustert und verschrottet. Aufnahme: Dieter Kempf

Der optische Zustand ihres Führerstandes war inzwischen katastrophal. Das Handrad, das bereits früher zu einem Halbrad (wie ein rundes U) verstümmelt worden war, damit man besser an die Führerstandsinstrumente herankam, fehlte praktisch völlig – nur noch der Mittelteil mit dem „Schnellaus-Knopf" ragte aus dem Führertisch. Ihr Lack war überall abgeblättert und total fleckig von den vielen Klebebandresten, mit denen Kabel aus Maschinenraum und Messwagen provisorisch zu den Versuchsinstrumenten in den ohnehin sehr engen Führerstand geführt wurden. Die Nachlaufsteuerung und die Automatik funktionierten nicht mehr. Man konnte nur noch mit dem kleinen Hilfsfahrschalter (Lokführerjargon: „Flipper") fahren. Die Linienzugbeeinflussung LZB und alle anderen Sicherheitseinrichtungen funktionierten aber noch einwandfrei. Der „technische Zustand" der Lok, damit meine ich Fahrverhalten, Drehgestelle und Hilfsbetriebe, war ebenfalls noch gut. 103 003 war die letzte Lok der E 03-Vorausserie, die ich gefahren habe. Diese Lok ist im September 1989 ausgemustert und umgehend im AW Opladen verschrottet worden. Ihre Schnellfahrdrehgestelle erhielt 103 222, die auch heute noch mit diesen unterwegs ist.

103 001 wurde als letzte Vorserien-E 03 ausgemustert. Später arbeitete man die Lok im AW Opladen wieder mustergültig auf und stellte sie – von Frankfurt (M) aus – für Sonderzüge zur Verfügung. Auch 103 002 und 103 004 gibt es noch, erstere steht in völlig desolatem Zustand in Neuenmarkt-Wirsberg, letztere in einem äußerlich guten Zustand in Lichtenfels.

103 004 (oben) – die vierte und letzte im Bunde der Vorserien-103 – wurde mit ihren Schwesterloks ab 1979 nur noch vor Messzügen eingesetzt und kam so auf allen elektrifizierten und für sie zugelassenen Strecken der DB zum Einsatz. Mitte der achtziger Jahre war sie mehrmals in diesen Diensten auf der Rheintalstrecke (der alten badischen Hauptbahn) zu sehen. Am 14. Juni 1986 verlässt sie Freiburg Hbf in Richtung Offenburg. Interessant ist auch der Blick in den Führerstand der E 03 001 (rechts), dessen Bedienungselemente noch weitgehend den Einheits-Elloks der DB glichen, von dem an ein Omnibuslenkrad erinnernden Handrad einmal abgesehen.

Aufnahmen: GG (oben) und Dieter Kempf

Oben: Viele Jahre lang beförderten die kraftvollen Elloks der Baureihe 103 schwerste Reisezüge ohne Schub über die Geislinger Steige – von Ausnahmen wie Franz Eigls Fahrt einmal abgesehen. Am 25. März 1983 führt 103 207 den IC 511 „Chiemgau“ (Köln – Salzburg) durch den Bahnhof Geislingen, während 194 039 mit N 5247 (Geislingen – Ulm) bereitsteht, und 193 012 auf den nächsten Schiebedienst wartet. Aufnahme: Dieter Kempf

Rechts: Dienstbeginn! Auch der letzte Tag des Jahres 1987 ist für viele Eisenbahner ein Arbeitstag wie jeder andere. In den Vormittagsstunden des 31. Dezember besteigt ein Lokführer im Bw München 1 – dem vormaligen Bw Hbf – den Führerstand von 103 159. Hinter der Lok steht der Ausflugstriebwagen 491 001, der acht Jahre später nach dem tragischen Unfall in Garmisch-Partenkirchen ausgemustert werden musste. Aufnahme: GG

Unten: Mit 103 112, auf der Franz Eigl 1974 seine Serien-103-Prüfungsfahrten absolvierte, war er in den folgenden Jahren immer wieder im Plandienst unterwegs, so z. B. am 3. Juli 1987 mit einem IC bei Heidelsheim. Fast genau zehn Jahre später sind mit ihrer Ausmusterung auch die Tage dieser Lok gezählt. Aufnahme: Andreas Rossel

Dezember 1974: Die erste 111 trifft im Bw München Hbf ein

Als Ende des Jahres 1974 die erste Lokomotive der Baureihe 111, 111 001, in meiner Heimatdienststelle, dem Bw München Hbf, eintraf, waren wir Lokführer – wie immer, wenn ein neues Fahrzeug zu uns kam – sehr neugierig. Stets, wenn 111 001 gerade im Bw stand, befanden sich bereits Kollegen auf der Lok, um alles an ihr genau zu begutachten. Natürlich war auch ich – so oft es ging – beim „Erforschen“!

Als erstes wurde der neuartige, ungewohnte Führerstand inspiziert. Hier fehlten auf den ersten Blick das gewohnte Handrad und der stabile, abnehmbare Richtungsschalter, auch „Knochen“ genannt. Mir kamen die neuen Bedienungselemente beinahe wie Spielzeug vor. Dass die Hebel alle senkrecht standen, war etwas

Im Dezember 1974 traf mit 111 001 (oben) die erste Lok dieser neuen Baureihe im Bw München Hbf ein. Eine ihrer ersten Fahrten, die der Personalschulung dienten, führte nach Freilassing, wo diese Aufnahme entstand. Ungewohnt für die Personale war der Führerstand gestaltet (rechts), der sich – durch die neuartigen Bedienungselemente – von den bisher üblichen der DB-Einheits-Elloks völlig unterschied.

Aufnahmen: GG (oben) und Sammlung Dr. Brian Rampp

Für Franz Eigl fand die Einschulung für die Baureihe 111 im Juni 1975 auf 111 003 statt, die übrigens mit einer automatischen Kupplung angeliefert worden war. Die neuen Elloks verdrängten u.a. die Münchner 110 aus ihren angestammten Plänen, so auch die bei den Personalen besonders beliebte 110 108, die im Juni 1973 bei Teisendorf mit TEE 90 „Blauer Enzian" auf dem Weg von Salzburg nach München ist.
Aufnahmen: Siemens, Sammlung Dr. Brian Rampp (oben) und Helmut Brinker

gewöhnungsbedürftig, wurde aber allgemein rasch akzeptiert. Auch die sonstige Ausstattung des freundlichen Führerstands und seine Größe wurden gelobt. Der Sifa-Knopf im Fahrschalter – eine gute Idee! Und die Fußbodenheizung – endlich warme Füße im Winter! – ein echter Fortschritt gegenüber den Einheitsloks der Baureihen E 10, E 40, E 41 und E 50, von den Altbau-Elloks ganz zu schweigen!

Mich faszinierte, dass für die neuen 111 eine Automatische Fahr- und Bremseinrichtung (AFB) vorgesehen war, wie sie bereits die Schnellfahrloks der Baureihe 103 besaßen. Aber leider nur die ersten 111er bekamen die AFB – und mittlerweile ist sie auch aus ihnen längst wieder ausgebaut worden. Am Rande sei bemerkt – auch die S-Bahn-Züge der Baureihe 420 haben bis heute keine AFB bzw. Linienzugbeeinflussung (LZB) bekommen, obwohl dies 1970, nach Anlieferung der ersten Fahrzeuge, lautstark verkündet worden war.

Was mir jedoch an der 111 nicht gefallen hat, waren ihre vielen – und wie sich später zeigte, auch zuverlässig arbeitenden – Überwachungsorgane! Im sogenannten „Anfahrüberwachungsgerät“ wird so gut wie alles kontrolliert: Die Fahrleitungsspannung, die Stromstärke, die thermische Belastung usw. werden durch dieses Gerät dazu verarbeitet, dass das Schaltwerk nicht mehr weiter aufschaltet, obwohl der Lokführer es von ihm verlangt. Sogar ein selbsttätiges Zurückschalten erfolgt über dieses neue Gerät, wenn der Rechner es bestimmt.

Bereits damals befürchtete ich, dass diese neue Lok der Beginn der Abwertung des Lokführerberufs sein könnte! Dieses Anfahrüberwachungsgerät übernimmt in Verbindung mit dem neuen „Zugkraftsteller“ im Fahrschalter Tätigkeiten, die bis dahin dem Lokführer oblagen und bei denen er in eigener Entscheidung handeln konnte. Allerdings hatte das Gerät den Vorteil, dass damit die Fahrt vom Steuerwagen aus erleichtert wurde. Es gab kein Ansprechen der Motorrelais und keine Oberstromauslösungen mehr wie beim Wendezugbetrieb mit den E 41! Das bei der 141 obligatorische „Zurückhoppeln“ des Lokführers vom Steuerwagen zur Lok durch den Schotter, um ein Relais zurückzustellen, wenn er zu stark aufgeschaltet hatte, gibt es heute bei der 111 nur noch im „echten“ Störungsfall. Aber auch der besten Elektronik fehlt etwas, das ein erfahrener Lokführer besitzt: Die Streckenkenntnis! Die elektronische Überwachung „denkt“, dass der Transformator oder die Fahrmotoren demnächst zu warm werden und schaltet zurück. Im Gegensatz zur elektronischen Überwachung weiß aber der Lokführer, dass die Steigung in Kürze zu Ende sein und bei der folgenden Talfahrt eine längere Kühlpause folgen wird, so dass ein vorzeitiges Abschalten überflüssig und hinderlich wäre. Ein Lokführer weiß auch, ob es bei der Ausfahrt aus einem Tunnel regnet, und er weiß, wo es Laubfallstellen gibt – kurz – er weiß, wo die Lok ins Schleudern kommen wird und schaltet vorher die Leistung zurück. Die Elektronik hat dieses Wissen dagegen nicht und reagiert dadurch überrascht und durchaus nicht immer optimal. Ein Lokführer mit Streckenkenntnis vermeidet durch sein Wissen und vorausschauendes Handeln Zerrungen im Zug, die die beste Elektronik nicht vermeiden kann! Elektronik ist gut, aber sie kann nicht denken wie ein Mensch. Hoffentlich gibt es demnächst nicht eine Software mit integriertem Hydrometer – Lauberkennung – Streckenkennt-

Die neuen 111 ließen den alten Elloks keine Chance. In Innsbruck wurde 111 002 im Frühjahr 1975 zur Personalschulung der ÖBB-1670 vorgespannt (oben links), am 20. Mai 1978 verabschiedete sich 117 106 (oben) in Rosenheim von den Eisenbahnfreunden und am 3. November 1978 macht 111 106 der 144 035 bei Garmisch-Partenkirchen deutlich, wer hier zukünftig das Sagen haben wird.
Aufnahmen: Sammlung Dr. Brian Rampp (oben links), GG (oben) und Thomas Paule (links)

Nicht nur im Münchner Raum, sondern weit darüber hinaus waren die 111 bereits nach kurzer Zeit zu sehen. 111 032 und 111 003 (oben) werden am 11. März 1977 gemeinsam einen IC von Stuttgart nach München befördern. Zu den 111-Stammleistungen gehörten selbstverständlich auch die IC „Karwendel" zwischen München und Mittenwald. Als am 22. August 1983 111 070 den „Karwendel" nach München führt, zeigen noch die bayerischen Signale an, ob die Strecke in die Landeshauptstadt frei ist. Aufnahmen: Karl Friedrich Seitz (oben) und GG

nis usw. Denn: ein bißchen Mensch muss übrig bleiben! Auch auf der Lokomotive!

Der Maschinenraum einer 111 hat mit seinem ungewohnten Durchgang eine gewisse Umstellung erfordert. Die beiden Maschinenraumtüren sind jeweils mittig im Führerraum angeordnet. Das erste und das dritte Drittel des Durchgangs befinden sich im Maschinenraum genau in der Mitte, und um den Haupttransformator ist der Durchgang seitlich. Dies hat aber den Vorteil, dass durch die direkte Kühlluftansaugung und Einblasung in die Geräte kein Unterdruck im Führerstand entsteht. Dies war besonders

bei den 141 der Fall! Außerdem bleibt der Maschinenraum dadurch stets sauber. Kleiner Nachteil der direkten Kühlluftwege: Der Maschinenraum wird im Sommer sehr warm, da halfen auch die später eingeführten Luftspalten an den Fahrmotorlüftern nur wenig. Aber was soll's, damit kann man leben. Es gibt ohnehin nur ganz selten Störungen auf den Loks der Baureihe 111. Und wenn, dann schwitzt man eben mal – vielleicht auch aus ganz anderen Gründen ... Sofort gefallen haben mir auch die Zugänglichkeit der elektrischen Teile, an die der Lokführer im Störungsfall herangehen muss, sowie – wegen der Übersichtlichkeit – das Druckluftgerüst mit allen Ventilen.

Als ich dann Mitte 1975 die Einschulung auf der 111 003 bekam, war ich zunächst mit der Lok zufrieden. Ihr Lauf und ihre Zugkraft schienen mir in Ordnung. Es herrschte damals schönstes Frühsommerwetter. Später zeigte sich aber, dass die Loks auf schlüpfrigen Gleisen stärker zum Durchdrehen der Räder neigten als die meisten älteren E 10. Die Münchner 110 108 z.B., die älteste und zugleich zuverlässigste unserer langjährigen Münchner E 10, schleuderte fast nie! Es ist außerdem Tatsache, dass der gleiche Zug auf schlüpfrigen Schienen im Geschwindigkeitsbereich von 70 auf 110 km/h mit unserer Museumslok E 18 08 schneller beschleunigt werden kann als mit einer 111.

Ein Ärgernis bei der 111 war anfangs der ständig falsch informierende Stufenanzeiger! Ein weiterer Mangel der 111, der eigentlich schon längst hätte beseitigt sein können, aber bis heute besteht, ist das hinderliche Ein- und Ausschalten der Sifa. Bei Doppeltraktionsbetrieb muss der Lokführer beim Führerstandswechsel erst die Sifa im Maschinenraum der zu verlassenden Lok abschalten und anschließend diese auf der zu übernehmenden Lok einschalten. Dies dauerte den Fahrdienstleitern bei Rangierbewegungen im Münchner Hbf oftmals zu lange. Es gab vielfach Unmutsäußerungen über Lautsprecher; „Langweiler!" war noch das harmloseste, was man als Lokführer einer Doppeleinheit 111 im Gleisbereich zu hören bekam.

Meine Probefahrt mit 111 003 absolvierte ich mit einem Zug nach Salzburg. Wie üblich war der Führerstand mit drei Prüflingen besetzt. Bereits bei der Ankunft in Salzburg wurde uns das Prüfungsergebnis „Bestanden" bekanntgegeben. Der Prüfer meinte dann: „Bei der Rückfahrt möchte ich noch gerne sehen, wie ihr mit der AFB umgehen könnt. Ihr seid ja 103-Lokführer, da müsstet ihr sie eigentlich beherrschen". Natürlich waren wir drei „AFB-Fans" und konnten Geschwindigkeitsänderungen nach unten, z.B. von 140 auf 80 km/h, fast metergenau durchführen, ohne das Führerbremsventil zu benutzen. Sogar Bahnsteig-Zielbremsungen brachten wir auf diese Weise fertig. Die Rückfahrt machte richtig Spaß – beinahe ein „Spieltag". Dazu muss ich aber erwähnen, dass die AFB-Elektronik optimal funktionierte. Leider ist diese AFB nicht in die Serie der 111 (ab 111 006) übernommen worden, obwohl dies damals fest versprochen worden war.

Über das Erscheinungsbild der 111 möchte ich mich nur soweit äußern, dass sie mir als Nachfolgerin der 110 gefällt, aber an die Eleganz einer 103 nicht annähernd herankommt. Es gibt derzeit immer noch keine gefälligere Lok als die 103 im ursprünglichen Beige-Rot. Dass die DB-Loks – so auch die 111 – heute äußerlich allgemein so vergammelt aussehen, liegt teilweise am Zeitmangel für die Pflege durch straffe Lokumlaufpläne, dann an den verdammten „Graffiti"-Schmierern und schließlich vor allem an den verwendeten Lackfarben, die sehr schnell ihren Oberflächenglanz verlieren. Dadurch sinkt der Schmutz viel rascher in die Flächen ein. Der orientrote Wasserlack verursacht nach relativ kurzer Zeit den Eindruck eines verrußten Himbeerpuddings!

Ansonsten war und ist die Lokbaureihe 111 eine sehr zuverlässige Lok, an der ich von 1975 bis zu meiner Pensionierung keine einzige Störung erlebt habe.

Betriebsalltag in München Hbf im Juni 1986. Die Altbau-Elloks sind längst verschwunden, und genauso, wie diese einst das Bild in München Hbf bestimmt haben, bestimmen es nun die 111. 111 023, 111 019 und 111 007 sind aus verschiedenen Richtungen an ihrem Zielbahnhof angekommen. Die '019 war an diesem Tag Franz Eigls Lok. Aufnahme: GG

Alte, unbeholfene Leute

Es gab einmal eine Zeit, in der die Lokomotiven der Baureihe 103 noch schön beige-rot lackiert und die Intercitywagen der ersten und zweiten Wagenklasse von außen gut zu unterscheiden waren. Beim IC '79! Das Schlagwort hieß damals „Jede Stunde – jede Klasse". Genau pünktlich alle Stunden verkehrten die IC quer durch die Lande. Sie trafen sich in Hannover, Köln, Frankfurt (M), Mannheim, Würzburg und anderswo am selben Bahnsteig – sogar die Wagen derselben Klasse standen sich genau gegenüber. Ein sehr gutes System, das in Grundrissen noch heute so ist, infolge der Wiedervereinigung allerdings in größerem Umfang. Auch ich, der Blasius, fuhr damals planmäßig diese Intercitys, allerdings noch nicht mit den so gräßlich rot-ausgeblichenen Lokomotiven. Heute sehen die meisten „Hundertdreier" aus wie verrußte Himbeerpuddings! Mein tägliches Brot waren zu dieser

Auf der langen Reise von München nach Dortmund durchfährt 103 166 am 1. Juni 1981 mit IC 568 „Glückauf" das herrliche Altmühltal bei Dollstein. Aufnahme: Dieter Kempf

Am 31. Mai 1981 fährt 103 126 (oben) mit IC 528 „Drachenfels" (München – Hannover) bei Sollnhofen entlang der träge dahinfließenden Altmühl, während 103 228 (unten) am selben Tag mit dem Vorzug zum IC 120 „Blauer Enzian" bei Treuchtlingen unterwegs ist. Aufnahmen: Dieter Kempf

Zeit jene wirklich schönen Zuggarnituren, die ich im Führerstand der 103 von München nach Nürnberg, Fulda, Frankfurt (M), Stuttgart und Salzburg zu befördern hatte. In den Anfangsjahren des IC '79 war ich noch im Sonderdienst, als Urlaubs- und Krankenvertretung eingesetzt.

So fuhr ich einmal einen dieser IC-Züge, die damals zwischen Würzburg und München über Ansbach und Ingolstadt ohne Zwischenhalt verkehrten. Fahrzeit: zwei Stunden und 25 Minuten. Die Abfahrt in Würzburg war gegen 11 Uhr. Etwa zehn Minuten von Ansbach entfernt ersuchte mich der Zugchef, ihn telefonisch mit der Zugleitung zu verbinden. Er erzählte mir etwas von zwei älteren Fahrgästen, die in Würzburg zugestiegen waren. Sie wollten nach Heilsbronn, das liegt auf der Strecke zwischen Ansbach und Nürnberg, und sie seien versehentlich in den direkten Zug

Franz Eigl liebt die Fahrten durch das Altmühltal, vor allem aber die Baureihe 103. 103 147 (oben) überquert am 4. September 1984 soeben mit IC 620 „Dompfeil" (München – Bremen) die Altmühl unweit Dollnstein. Im Jahr zuvor, am 23. Juli 1983, passiert 103 159 mit IC 561 „Prinzregent" dieselbe Stelle, aber aus luftiger Höhe gesehen. Aufnahmen: Frank Lüdecke

nach München – also in den unsrigen – eingestiegen. Der Zugführer wollte die Zugleitung um die Genehmigung eines Sonderhalts in Ansbach bitten. Rasch entschlossen sagte ich zu ihm: „Wir sind ja schon bald da – ich halte einfach an, und falls jemand nachfragen sollte, so habe ich ein angesprochenes Schutzrelais zurückgestellt." Also die Vortäuschung einer harmlosen Lokstörung zum Zwecke des Kundendienstes! Doch der Zugführer bestand auf der offiziellen Genehmigung. Meine Gehirnmechanik meldete sich mit dem Wort „Oberbürokrat" – jedoch irgendwas klemmte sich dabei und kam nicht über die Lippen!

Was ich dann aber mithören konnte, ließ mich aufhorchen: Der Herr in der Zugleitung konnte die beiden „gebrechlichen, unbeholfenen, alten Leute" genau beschreiben. Sogar, dass der Mann einen Stock mit drei Abzeichen bei sich hatte, wusste er! Auch, dass sie mit Seniorenpass und Halbpreisfahrkarte von Bad Mergentheim aus unterwegs waren, war ihm bekannt. „Sonderhalt – abgelehnt! Die beiden fahren heute einen kleinen Umweg nach Heilsbronn – nämlich über München! Die irren sich ganz bewusst – und dies regelmäßig alle zwei Wochen jeweils mittwochs!"

Diese beiden Fahrgäste waren offensichtlich wirklich einmal in den falschen Zug eingestiegen und hatten dabei ihren Sonderhalt bekommen und in Ansbach einen passenden Anschluss erreicht. Das hatte wohl so gut geklappt, dass der Einstieg in den falschen Zug nun „planmäßig" vorgenommen wurde. Damit waren sie stets schneller am Zielbahnhof Heilsbronn, als wenn sie über Nürnberg fahren würden. Dass dieser Zug inzwischen „planmäßig" für diese beiden Schlitzohren in Ansbach angehalten hatte, war zwar nicht den wechselnden Zugpersonalen, wohl jedoch den Bahnhofsbediensteten aufgefallen. Diese hatten dann die Zugleitung darauf aufmerksam gemacht, dass hier bewußt getrickst würde. Auch der Zugführer hatte davon bereits „etwas läuten" gehört. Daher das Bestehen auf der Genehmigung durch die Zugleitung. Die beiden „gebrechlichen, unbeholfenen, alten Leute" mussten nun diesmal wohl oder übel einen größeren Umweg über die Landeshauptstadt München machen und natürlich den Kilometerunterschied dafür voll bezahlen.

Kundendienst ist zwar wichtig – man muss diesbezüglich auch mal improvisieren können – aber ausnutzen lassen gilt nicht! Wieso meine Gehirnmechanik das Wort „Oberbürokrat" in letzter Sekunde verhindert hatte, weiß ich nicht. Aber recht hatte sie!

Rauchen, in früheren Jahren weitverbreitet, musste von Nichtrauchern oftmals toleriert werden, nicht nur in der Öffentlichkeit, sondern auch am Arbeitsplatz. Franz Eigl ertrug eine Fahrplanperiode lang auf dem 103-Führerstand den Rauch eines gedankenlosen Kollegen, bevor er sich am letzten gemeinsamen Arbeitstag auf seine – recht urwüchsig anmutende – Art bei diesem bedankte ...
Aufnahme: Sammlung Manfred Traube

Rauchen am Arbeitsplatz – und die (schonungslose) Antwort eines Nichtrauchers

Kurz gesagt, der Nichtraucher bin ich, Euer Blasius. Ich rauchte noch nie – glücklicherweise bin ich Jahrgang 1936. Als ich Lausbub war, gab es bis zur Währungsreform keine Gelegenheit für mich, Zigaretten zu bekommen. Nachher, ab 1948, kosteten die Glimmstengel 7,5 Pfennige, später sogar 8 1/3. Meine Familie war in jener Zeit dabei, eine neue Wohnung einzurichten. Es gab zwar wieder alles, aber das Geld war äußerst knapp. Taschengeld? Fehlanzeige! Als ich dann im Herbst 1950 Lehrling bei der Bahn wurde, betrug der Monatslohn ganze 25,– DM. Ich brauchte auch alles andere als Zigaretten – Schuhe, Arbeitskleidung, Bettwäsche und Schulsachen gingen vor. Mein Traum war ein Fahrrad!

Als ich mit 18 Jahren ausgelernt hatte, zählte mein Stundenlohn 1,14 DM. Ein neues Fahrrad hatte ich immer noch nicht – aber der Zeitpunkt des Kaufs war nahe! Rauchen war nach wie vor für mich unerschwinglich. In meinem Umfeld befanden sich auch lauter Nichtraucher. Nur mein Vater qualmte „wie der Mittagszug über den Spessart", ewiger Gestank in der Wohnung – mein abschreckendes Beispiel! Zur Bundeswehr brauchte ich nicht, ich gehöre zu den „weißen Jahrgängen". Und für die Hitlerjugend war ich damals noch zu jung gewesen. Also beste Voraussetzungen, Nichtraucher zu bleiben.

Später, als ich Lokführer wurde, gab es ebenfalls nur wenige rauchende Kollegen; die meisten – etwa Gleichaltrigen während der Ausbildungszeit – hatten ähnliche Geldprobleme in der „Raucherbeginnzeit" zwischen dem 13. und dem 18. Lebensjahr. Keine Verführer! Ich kann, ohne zu lügen, sagen, dass ich in meinem ganzen Leben noch keine einzige brennende Zigarette im Mund hatte. Natürlich gab es viele Kollegen, die auf dem Führerstand neben mir ab und zu mal eine Zigarette benötigten, mir machte das wenig aus. Ich tolerierte diese Gewohnheiten der anderen, ließ mir aber keine aufdrängen.

Nur bei einem einzigen Kollegen war mir der Qualm zu viel geworden. Wir fuhren einen ganzen Winterfahrplanabschnitt von Oktober bis Ende Mai alle zwölf Tage jeweils den gleichen Intercityzug von Würzburg nach München. Diese 145 Minuten benutzte mein Beimann (2. Lokführer), um mindestens eine ganze Schachtel Zigaretten in Qualm aufzulösen – jede einzelne bis zum letzten Millimeter! Eine Unverschämtheit, besonders im Winter, wenn man während der Fahrt kein Fenster offen lassen konnte, dazu in dem bekanntlich sehr beengten Führerstand der 103. Wenn ich mit diesem Kollegen unterwegs war, musste meine Kleidung anschließend zu Hause mindestens 24 Stunden auf dem Balkon gelüftet werden!

Auch diesen Oberstinker tolerierte ich wortlos, aber innerlich kochte ich dabei vor Wut. Im Mai, also kurz vor Planwechsel, gab mir der Dauer-Zigarettenvernichter zur Kenntnis, dass er ab Anfang Juni aus dem Fahrdienst ausscheiden und in den „Innendienst" gehen werde. Ich überlegte mir für ihn ein schönes „Abschiedsgeschenk".

Vor unserem letzten gemeinsamen Intercity von Würzburg nach München verspeiste ich auf der Hinfahrt einige hartgekochte Eier, dazu frisches Brot. Die Pause in der Kantine benutzte ich, um eine große Portion Pressackwurst mit sehr vielen Zwiebeln zu verdrücken. Als gehaltvolle Beigabe leistete ich mir einen schönen, weichen Romadur. Auch das Getränk, das ich dabei zu mir nahm, passte zu meinem Vorhaben. Es hatte einiges an sehr wirksamen Hefepilzen zum Inhalt.

Wesentlich unproblematischer als in den geschlossenen Führerständen von Diesel- und Elloks gestaltete sich das Rauchen auf Dampflokomotiven. Der heute wesentlich größeren Zahl von Nichtrauchern wird sogar Rechnung getragen, indem sich die Raucher – inzwischen auch auf den meisten Bahnhöfen – in ausgewiesene Ecken zu begeben haben, um ihre Zigaretten in Qualm aufzulösen.
Aufnahmen: GG

Wir trafen uns dann am Bahnsteig kurz vor Ankunft des Zuges, um das aus Göttingen kommende Lokpersonal abzulösen. – Gott sei Dank, es kam kein anderer! Natürlich hatte er jetzt schon seine Giftnudel im Mund. Wie immer pausenlose, stickige Qualmproduktion im engen 103-Führerstand während der Fahrt. Es dauerte eine Stunde – wir waren bereits hinter Ansbach – da spürte ich im Unterleib ein sehr „menschliches Rühren". Der von mir planmäßig erzeugte und nun erwartete Überdruck baute sich in meinem Körperinneren mächtig auf. Bis Eichstätt verkniff ich diese Drücke – aber dann ließ ich meine „Giftgase" langsam und leise entweichen. „Stille heiße Brüter" nennt man solche Dinger in der Fachsprache. Bei Wolnzach traten dann mehr und mehr „Langton-Gurgler" und „militärische Knaller" auf. Im Führerhaus gab es sowohl im wahren als auch im übertragenen Sinne „dicke Luft"! Mein Kollege begann lautstark zu motzen! „Was ist denn heute mit dir los? – Das stinkt ja, als hättest du die Hose voll!" – „Mich drückt es einfach, und wenn ich mir's verkneifen muss, tut es weh!", war meine lapidar entschuldigende Antwort.

Wir fuhren schweigend weiter nach München. Er rauchte pausenlos vor sich hin, und ich gab Antwort auf meine Weise. Der gemeinsame Gestank war bestialisch! Die letzten Kilometer vor München Hbf gab ich ihm dann eine ehrliche Erklärung ab, warum es diesmal im Führerstand so stank: „Du hast mich seit Oktober regelmäßig mit deinem Qualm zugeräuchert, dass mir regelmäßig die Tränen in die Augen schossen. Du hast dich für mich beinahe aufgeopfert, damit ich während unserer gemeinsamen Fahrten ja keine Frischluft zu atmen brauchte. Dafür musste ich mich doch wenigstens bei der letzten Fahrt bedanken!"

Er war daraufhin sehr erstaunt und schimpfte gereizt los: „Hättest du nur ein Wort gesagt, dass dich der Rauch stört – dann hätte ich nicht geraucht!" Er sagte noch weiteres, aber ich schreibe derartige Worte äußerst ungern. Viele Tiernamen befanden sich darunter. Meine Antwort darauf folgte dann im Stillstand am Prellbock im Hauptbahnhof. „Du willst doch nicht behaupten, dass ein Süchtiger, wie du es bist, über zwei Stunden ohne Rauchen auskommen kann – das gibt es nicht!" – „Ich bin nicht süchtig!" waren seine letzten Worte, bevor er wutentbrannt und Türen knallend von der Lok stieg. Unten am Bahnsteig zündete er sich sofort eine neue Zigarette an. Die Vorgängerin, die er sich gerade erst bei der Einfahrt in den Bahnhof angezündet hatte, lag noch brennend auf dem Führerstand. Nicht süchtig?

Wochen später erfuhr ich, dass er sich äußerst überraschend in einen fanatischen Nichtraucher verwandelt hatte und jeden, der mit einer brennenden Zigarette in sein Dienstzimmer kam, äußerst lautstark aufforderte, den Glimmstengel sofort zu löschen. Typisch für einen ehemaligen starken Raucher. Dieser Kollege war übrigens der einzige, mit dem ich auf dem Führerstand nicht gut ausgekommen bin.

Er ist inzwischen – mit gerade mal 55 Jahren – an Lungenkrebs verstorben …

Am 1. Juni 2002 wurde 120 105 mit EC 115 „Blauer Enzian" (Dortmund – Klagenfurt) zum Schicksalszug für diesen bedauernswerten Greifvogel. Aufnahme: Dieter Kempf

Jagdglück

Lokführer besitzen in der Regel keinen Jagdschein, trotzdem wird von ihnen in ihrer Dienstausübung so manches Tier „erlegt". Im Frühjahr sind es zumeist die liebestollen, farbigen Fasanenhähne; später im Jahr dann kleine Singvögel, die in den Büschen und Hecken neben den Gleisen nisten und emsig ihre Jungen füttern. Ab und zu erwischt man auch mal eine Taube; Raben dagegen so gut wie nie! Diese intelligenten Vögel sitzen oftmals als Aasvertilger am Bahngleis, aber selbst wenn man sich mit 200 km/h nähert, fliegen sie rechtzeitig davon. Katzen, Rehe, Dachse, Füchse und Hunde werden logischerweise erst von den Bahnräumern – das sind die senkrechten Eisenbalken vor den ersten Lokrädern – erfasst, bevor sie überfahren werden. Man hört oder spürt in der Lok oftmals nur einen leichten Schlag, wenn so etwas geschieht. Wenn aber ein großer Vogel an der Lokfront zerschellt, dann ist es schon ein sehr lauter „Rumms". Die großen, runden Dellen vorne an den Schnellfahrloks sind zumeist Vogeleinschläge. Größere Tiere wie Kühe oder Hirsche habe ich glücklicherweise nicht „erlegt". Derartige Unfälle bringen den Zug meist durch Beschädigung der Drucklufteinrichtungen für längere Zeit zum Stillstand und erzeugen so größere „Betriebsstörungen durch Fremdeinwirkung". So wurde es dann bis vor kurzem auch stets über Lautsprecher an das verehrte Reisendenpublikum bekannt gegeben anstatt zum Beispiel: „Lokschaden durch ein überfahrenes Rind". Erst in jüngster Zeit hat sich das zum Positiven hin verändert!

An einem schönen klaren Februartag hatte ich einen IC mit einer 103 von Stuttgart nach München zu fahren. Plötzlich – bei Tempo 160 – unmittelbar vor mir ein riesiger Schatten in Augenhöhe – ein Bussard. Gleich darauf verschwand das Tier nach unten rechts aus meinem Blickfeld. Ich dachte mir: „Hat der Kerl Glück gehabt?" Kein dumpfer Knall – nichts! Im Münchner Hauptbahnhof angekommen, schauten die Leute am Prellbock, die meine Fahrgäste abholen wollten, immer wieder unten an der Lok herunter. Ich kletterte von der Maschine und schaute nach, was es da zu bestaunen gab. Was war es? Ein Bussard steckte mit dem Kopf voraus zwischen Lokkasten und Heizsteckdose. Ich zog ihn vorsichtig an seinen Füßen – in der Jägersprache heißen die ja „Ständer" – heraus. Er war tot, durch Genickbruch – der Kopf baumelte am Körper herunter. Nachdem ich sonst keine weiteren Verletzungen an dem toten Tier erkannte, legte ich ihn auf dem Führerstand ab und besorgte mir eine große, dicke Zeitung. In diese wickelte ich den Vogel. An der engsten Stelle, um die gelben Füße, band ich einen Stoffstreifen. Es sah aus wie ein kältegeschützter Blumenstrauß. So brachte ich das „Gebinde", dem man den Inhalt nicht ansah, nach Hause.

Mein Hobby 1, meine Frau, freute sich, dass ich ihr zum Geburtstag – es war nämlich am Blasiustag – einen großen Blumenstrauß überreichte. Sie merkte natürlich schon am Gewicht, dass es sich um etwas Besonderes handelte. Ahnungslos wickelte sie die Zeitung aus. Ein schriller Schrei – und schon lag mein gelbfüßiger „Blumenstrauß" am Boden. Bald danach aber fand sich der Bussard in mehreren dicken Plastikschichten, luftdicht verpackt, in unserer Tiefkühltruhe wieder. Einige Tage später brachte ich ihn zum Präparieren. Der Präparator benötigte zunächst von der Naturschutzbehörde einen Erlaubnisschein, und diese wiederum verlangte eine Bestätigung, dass das Tier nicht „verheiratet" (beringt) war und keine Schussverletzung aufwies. So kam ich in den Besitz eines Prachtexemplars von Bussard mit einer Flügelspannweite von 115 Zentimetern. Gesamtpreis etwa 200,– DM, aber das war er mir wert gewesen.

Als kleine Entschädigung für den Geburtstagsschreck führte ich meine Frau natürlich zum „fein Essen" aus.

Natürlich sind nicht nur Tiere (glücklicherweise) die Ursache für Schlagstellen auf den schnellfahrenden Lokomotiven. Die mitunter beträchtlichen Schäden – und Verletzungen des Lokpersonals – entstehen z. B. auch durch Steinschlag. 103 002 (oben), am 24. Juni 1973 als Bremslok für die Erprobung des Gasturbinentriebzugs 602 002/003 in Freiburg Hbf, hatte es auf der Führerstandseite 1 genau über der Frontscheibe erwischt. Nicht viel besser erging es 103 003 (unten), die anlässlich von Testfahrten auf der Neubaustrecke Hannover – Würzburg am 28. April 1987 in Würzburg zu sehen war. Neben ihr wartet 150 050 vor einem Güterzug auf Ausfahrt. Aufnahmen: GG (oben) und Manfred Traube

Der Tag X

Nur wenige Lokomotivführer erleben ihn nicht, die meisten aber mehrmals: Die Rede ist von den unangenehmsten Situationen im Fahrdienst. Es sind nicht die Tage, an denen man einen Fehler macht, etwa, dass man einen Zug beim Ankuppeln unsanft „berührt", oder gar „nähere Bekanntschaft" mit einem Prellbock macht. Es ist auch nicht der Tag, an dem man vielleicht durch Unaufmerksamkeit entgleist, und schon gar nicht der Tag, an dem man normalerweise feiert, aber nicht frei bekommt – so wie ich an meinem 50. Geburtstag, an dem ich eine Spätschicht nach Nürnberg fahren musste.

Lokführer sein bedeutet meist, dass man an Tagen arbeitet, an denen andere Leute Ostern, Pfingsten, Weihnachten, Geburtstage, Hochzeiten, Taufen und ähnliches im Familienkreis feiern. In den ersten Jahren als Lokführer wird man hierzu noch eingeladen, dann etwas weniger und später überhaupt nicht mehr, weil es sich herumgesprochen hat, dass man eh nie Zeit hat. Doch darüber weiß man vorher Bescheid. Nur eines wird von allen Lokführern so lange verdrängt, bis es doch einmal geschieht: Man muss unfreiwillig einen Menschen verletzen oder sogar töten. Leider! Denn ein Lokführer kann nicht ausweichen, das wissen alle! Besonders diejenigen, die sich aus eigenem Entschluss ins Gleis stellen und getötet werden wollen – Selbstmörder.

Bei mir waren es insgesamt drei Personen, die ich überfahren musste. Mein erster stand nachts, dunkel gekleidet, im Gleis. Als ich ihn erkannte, fuhr ich genau 138 km/h schnell, erlaubt waren 140. Etwa 200 Meter vor mir sah ich ihn. Im Reflex leitete ich eine Schnellbremsung ein, gleichzeitig bediente ich den Sandstreuer und die Pfeife. Mehr konnte ich nicht tun. Der junge Mann wollte sterben. Er benutzte hierzu meinen Zug und damit auch mich. Ich hatte einen Zug mit besten Bremsverhältnissen, doch 700 Meter Bremsweg benötigte dieser dennoch.

Die Meldung an die Zugleitung erfolgte noch während des Bremsvorgangs. Nachdem der Zug zum Stehen gekommen war, verließ ich die Lok, um nach dem Mann zu sehen. Es hätte ja sein können, dass er „nur" schwer verletzt am Bahndamm gelegen hätte, wenn er im letzten Moment doch noch hätte flüchten wollen. Vom Führerstand aus sieht man Personen, die im Gleis stehen, auf den letzten Metern nicht mehr. Als ich ihn liegen sah, erkannte ich, dass er zweifelsfrei tot war. Nach den damals gültigen Bestimmungen durfte der Zug weiterfahren, wenn die überfahrene Person nicht weiter be(ge)schädigt würde und jemand zur Bewachung bei dieser Person blieb. Glück für mich und vor allem für meine vielen Fahrgäste war, dass sich zufällig ein Bahnpolizist im Zug befand, der sich als Aufsichtsperson zur Verfügung stellte, und dass der Getötete seitlich neben dem Gleis lag. So konnte ich die Fahrt fortsetzen und diese mit nur 15 Minuten Verspätung in München beenden.

Am nächsten Tag – inzwischen krankgemeldet – erfuhr ich, dass der Selbstmörder einen Abschiedsbrief hinterlassen hatte und sich extra dunkel gekleidet an einer sehr dunklen Stelle ins Gleis gestellt hatte. Für seinen Freitod gab er als Motiv private Schwierigkeiten an.

Mein zweiter Tag X war auf einer Fahrt zwischen Stuttgart und München, genau gesagt am Einfahrtsignal Göppingen. Ebenfalls ein Mann. Er stand – für mich unsichtbar – hinter einem großen stabilen Signalmast. An diesem befand sich, wie ich später erfuhr, ein Abschiedsbrief. Der Mann sprang unmittelbar vor meinem Zug aus seinem Versteck hervor und legte sich über die rechte Schiene. Diesmal betrug die Geschwindigkeit meines Zuges etwa 95 km/h, die Haltebremsung für Göppingen war bereits sanft eingeleitet. Wieder im Reflex Schnellbremsung – Pfeifen – Sanden. Die Meldung über den Vorfall ebenfalls wieder kurz vor dem Stillstand. Ich hatte diesmal aber einen „höheren Herrn" aus der Direktion Stuttgart mit auf dem Führerstand. Der war äußerst geschockt und wurde kreidebleich. Selbstverständlich rannte ich auch dieses Mal zu dem Selbstmörder zurück, um nachzusehen.

Wie schwierig es ist, vom Führerstand einer schnellfahrenden Lokomotive aus Personen im Umfeld des Gleises zu erkennen, kann nur derjenige nachvollziehen, der selbst einmal mitgefahren ist. Dunkelheit und Kurven erschweren dies zusätzlich. Und wenn eine Person erkannt ist, weiß der Lokführer natürlich nichts über deren Absichten. Was macht er da, ist er ein fotografierender Eisenbahnfreund, plant er ein Attentat oder will er sich vielleicht vor den Zug werfen? Aufnahme: Manfred Traube

Wieder fand ich einen Toten. Da sich damals noch in unmittelbarer Nähe des Unfallorts ein Schrankenposten befand, konnte der Schrankenwärter die Beaufsichtigung des Toten übernehmen und ich auch in diesem Fall meine Fahrt nach München fortsetzen.

Der Herr aus der Direktion blieb bis Ulm bei mir auf dem Führerstand. Was während der Fahrt bis dorthin über den Zugbahnfunk an Belästigungen über uns hereinbrach, war enorm. Der Fahrdienstleiter aus Göppingen, die Bahnpolizei aus Stuttgart, die örtliche Polizei, der Lokdienstleiter aus Stuttgart, alle wollten eine Einvernahme und den Hergang von mir geschildert bekommen – und das während der Fahrt. Ich rief dann selbst die Zugbahnfunkzentrale Stuttgart an und verbat mir weitere Gespräche zu diesem Vorfall. Ich drohte damit, das Gerät einfach abzuschalten. In Ulm angekommen, „stürmten" schon wieder zwei Bahnpolizisten auf die Lok zu und wollten wieder all das wissen, was ich schon mehrmals über Funk durchgegeben hatte. Der Herr aus der

Nicht überall ist die Strecke so übersichtlich wie auf dem Bild oben, aber auch hier haben Selbstmörder die Möglichkeit, sich zu richten. Bei den hohen Geschwindigkeiten auf solchen Abschnitten hat der Lokführer nicht die geringste Chance, den Zug vor einer plötzlich auftauchenden Person rechtzeitig zum Halten zu bringen.

Links: Hier sah der Lokführer schon von weitem einen großen, undefinierbaren Gegenstand im Gleis liegen und leitete sofort eine Schnellbremsung ein. In diesem Fall handelte es sich offensichtlich um die verlorengegangene Ladung eines Güterzuges, die mit Sicherheit Schäden an der Lok verursacht hätte. Aber es hätte auch ein Mensch sein können …

Unübersichtliche Gleisbögen, Brücken und Buschwerk gehören ebenfalls zu den bevorzugten Stellen suizidgefährdeter Menschen. Diese Aufnahmen sollen vermitteln, wie begrenzt das Blickfeld des Lokführers mitunter sein kann. Fotografierende Eisenbahnfreunde sollten daher durch ihr Verhalten, wie z. B. das rechtzeitige Hochnehmen der Kamera oder sogar durch das Tragen einer rotorange leuchtenden Sicherheitsjacke dem Lokpersonal zu verstehen geben, dass man sich mit guten Absichten in der Nähe des Gleises aufhält.

Aufnahmen (4): GG

Direktion schickte, äußerst unwirsch geworden, die beiden unverrichteter Dinge wieder weg. Ich selbst rief nun die Funkzentrale in München an – in Ulm ist Bereichswechsel –, meldete mich mit Namen, Fahrzeug, Dienststelle und dass ein Fremdverschulden am Tod des Mannes offensichtlich ausschied. Ich gab klar und deutlich zu verstehen, dass ich keine weiteren Angaben zu diesem Vorfall mehr geben würde und meine Ruhe haben möchte. Selbstverständlich dürfe man mir dienstliche Meldungen übermitteln.

Der hohe Herr aus Stuttgart meinte zu mir, dass das Verhalten „seiner" Zugbahnfunkzentrale katastrophal gewesen sei. Er gab mir eine Ulmer Telefonnummer, unter der ich ihn anschließend vom Münchner Hauptbahnhof aus anrufen sollte. Mit dem Abfahrtspfiff des Aufsichtsbeamten in Ulm verabschiedeten wir uns, er wünschte mir eine „ruhige" Weiterfahrt und bat mich nochmals um den Rückruf. Die Fahrt bis München verlief nun ohne weiteren Telefonterror. Am Prellbock des Münchner Hauptbahnhofs stand – wie im Dienstplan vorgesehen – ein Ablöser für mich bereit, der die Lok dann zur Reinigung ins nahe Bw Hbf übernahm. Ich rief daraufhin den Herrn in Ulm an und meldete, dass ich ohne weitere Belästigungen gut in München angekommen sei.

Er wiederum gab mir zu verstehen, dass er ein sehr ernstes Wort mit „seinen" Leuten geredet habe. Es gehe nicht an, dass polizeiliche Ermittlungen über Zugbahnfunk stattfänden, solange ein Zug fahre. Er machte auch klar, dass jedermann das Recht habe, 24 Stunden lang keine Angaben zu einem Vorfall zu machen. Selbst Personalien und Fahrzeug seien im Betrieb der Bahn jederzeit auch auf andere Art zu ermitteln. Soweit seine Interpretation zu solchen Vorfällen.

Bei meinem dritten Selbstmörder konnte ich ebenfalls weiterfahren, weil ein unmittelbar nachfolgender Zug – durch mich ge-

warnt – vor dem Toten im Gleis zum Halten kam. Es geschah etwa 150 Meter vor einem Signal auf der Strecke München – Ingolstadt. Wieder ein Mann – er sprang kurz vor meinem Zug aus einem Versteck hervor und stellte sich ins Gleis. Und auch diesmal war ein Abschiedsbrief vorhanden – an seinem Versteck stand groß angeheftet: „Aidsgefahr! Ich halt's nicht mehr aus! Fasst mich nur mit Handschuhen an!"

Diesmal meldete ich der Zugbahnfunkzentrale, dass ich meine Angaben zu dem Vorfall erst am nächsten Tag um 7.00 Uhr in meiner Dienststelle machen würde und verbat mir jegliche Gespräche in diesem Zusammenhang. Dies wurde auch korrekt eingehalten. Der hohe Herr aus Stuttgart hatte anscheinend eine Anweisung an alle Zugbahnfunkzentralen gegeben, weiterfahrendes Lokpersonal nach solchen Vorfällen nicht zu belästigen.

Bei der Weiterfahrt ist dann ein Aufenthalt von zwölf Minuten in Ingolstadt um nur zwei Minuten verkürzt worden, die planmäßige Überholung durch einen Intercity fiel aus. Es klingt beinahe unglaubwürdig, aber mein Zug war bei der Ankunft in Nürnberg zwei Minuten zu früh!

Mein Ablöser konnte es nicht glauben, dass ich trotz eines Selbstmörders vor der planmäßigen Zeit angekommen war, und ich sollte doch meine Scherze unterlassen. Erst, als zwei Bahnpolizisten auf den Führerstand kletterten und sich im Auftrag der Lokleitung nach meinem Befinden erkundigten, konnte mein – ab jetzt geschockter – Kollege dies als Wahrheit erkennen. Ich sagte ihm noch, dass er wegen der Blutspritzer nicht um die Lok herumgehen sollte, wenn er so etwas nicht ertragen könnte. Er ging jedoch um die Lok herum – Wahrheitsfindung?

Ich selbst bin in der glücklichen Lage, dass es mir nichts ausmacht, wenn ich Derartiges sehe. So makaber es klingen mag, aber ich habe schon als siebenjähriger „Pimpf" mit Leichen zu tun gehabt, als ich nach einem Fliegerangriff am 3. Oktober 1943 beim Identifizieren von getöteten Luftschutzkellerinsassen mitgeholfen habe.

Nach heutigen Bestimmungen darf kein Zug weiterfahren, bevor nicht die Staatsanwaltschaft alles akribisch genau untersucht hat. Für Unfälle mag dies ja angehen, aber dafür, dass eine viergleisige Strecke wegen eines einwandfreien Selbstmords ein oder zwei Stunden lang vollständig gesperrt wird, habe ich kein Verständnis! Weiß denn keiner von diesen ermittelnden Fachleuten, dass Züge – im Gegensatz zu Autos – nicht über Nebenstraßen umgeleitet werden können?

Ich hätte nur den Wunsch, dass sich einmal in einem auf freier Strecke festgehaltenen S-Bahn-Zug ein ganzes Rudel von Staatsanwälten unterwegs zu einem wichtigen Termin befänden. Dann kämen sie auch einmal in den Genuss von Freiheitsberaubung der besonderen Art. Möglichst in praller Sonne, mehrere Stunden lang. Ich erinnere auch daran, dass es in vielen S-Bahnen keine Toiletten gibt …

Alles schimpft dabei natürlich auf die Deutsche Bahn – doch woher sollen die Betriebsleitungen wissen, wie lange jeweils die Ermittlungen dauern? Jede Möglichkeit, auf dicht befahrenen Strecken Züge an einen Bahnsteig zu bekommen, ist durch den Rückstau genommen. Solche Chaossituationen mit oft riesigen Folgeverspätungen, die sich bundesweit addieren – nur wegen eines seines Lebens überdrüssig gewordenen – sind meiner Meinung nach überflüssig, zumindest dann, wenn das Nachbargleis befahrbar ist. Muss es erst zu einer Massenpanik in einem stehenden Zug kommen, bis jemand diesen Unsinn abstellt? Ist denn das tausendfache Gemeinwohl nicht wichtiger als das übergründliche, kleinkarierte Ermitteln in einem eindeutigen Fall?

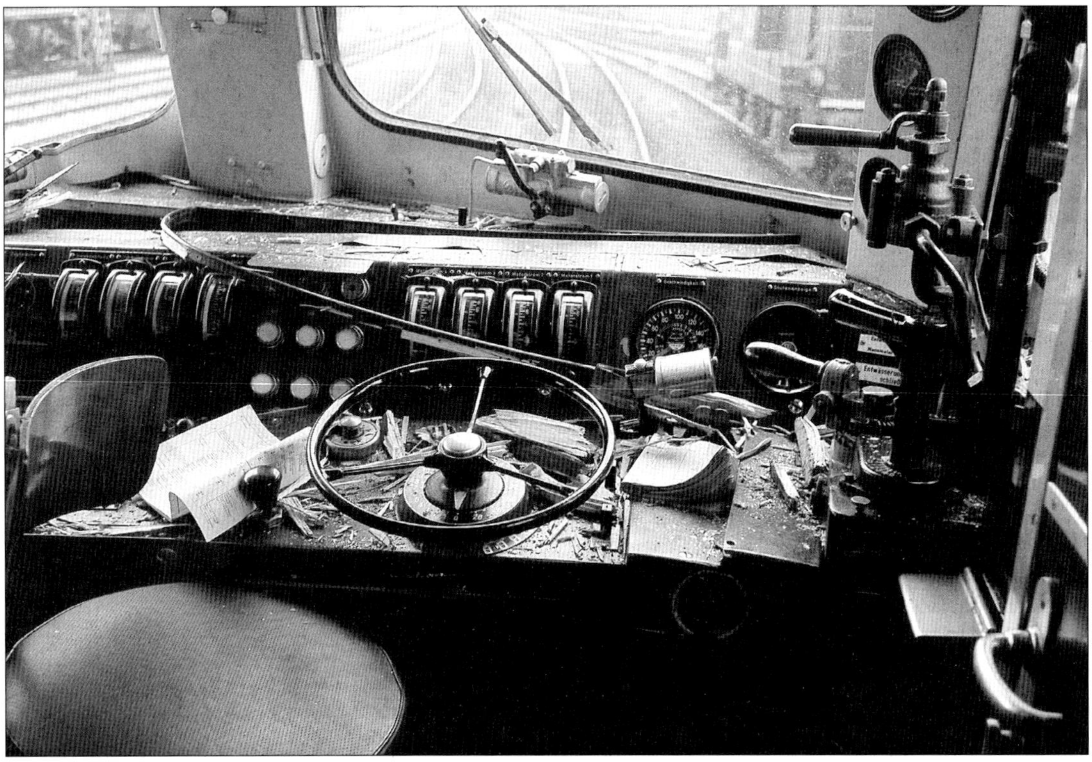

Wie groß die Gefahren für Lokführer – gerade bei Brücken – sein können, belegt dieses Bild des verwüsteten Führerstandes einer E 10. Franz Eigl hat seine drei „X-Tage" zwar unbeschadet überstanden, aber vergessen – oder einfach abhaken – konnte er diese nie.

Aufnahme: Sammlung Dr. Brian Rampp

Bei den drei Selbstmördern, die sich von mir überfahren ließen, ist es ja auch möglich gewesen, ohne große Allgemeinbehinderung zu ermitteln und die Fälle rasch abzuschließen.

Allen dreien bin ich nicht böse – es war ja letztendlich ihre eigene, freie Entscheidung. Sie benutzten mich und meine Züge in erpresserischer Weise zur Durchsetzung ihrer Wünsche.

In jedem meiner drei Fälle war ich reaktionsschnell – Bremsen – Sanden – Pfeifen –, und nie war meine Geschwindigkeit über dem vorgeschriebenen Limit gewesen. Auch hatte ich niemals Alkohol im Blut. Wenn dies auch bei anderen Kollegen so ist, die jemanden überfahren (müssen), so brauchen sie sich dafür keinerlei Vorwürfe zu machen. Nur eines – ihre drei Gesichter werde ich nie vergessen! Wenn sie mir irgendwann einmal im Himmel „E", auf Wolke 18 08 – die ja für mich reserviert ist – begegnen, werde ich sie freundlich begrüßen!

Die Beamten der Bahnpolizei (heute Bundesgrenzschutz) – oben zwei Hundeführer und unten als Streife im Bahnhof – haben damals wie heute eine Menge Arbeit mit Schein- oder tatsächlichen Attentaten und sonstigen Straftaten zu tun.
Aufnahmen: Sammlung Dr. Brian Rampp (oben) und GG

Erpresser – Sabotage – Attentate

Seit langem bereits – so zuletzt auch in den Jahren 1998 und 1999 – gab und gibt es Menschen, die der Meinung sind, auf Kosten der Eisenbahn ohne eigene Anstrengungen reich werden zu können: Eisenbahnerpresser. Beinahe alle sind aber gefasst worden, weil vor allem die Geldübergabe ein für den Erpresser stets risikoreiches Unterfangen war und bleibt. Einzelne Täter verursachten mit ihren Sabotageakten echte Katastrophen, wie zum Beispiel der „Monsieur X" in den sechziger Jahren oder ein ehemaliger Gleisarbeiter im Jahr 1998.

Bombendrohungen, die zu Bahnhofssperrungen führen, Fahrleitungsmastensäger und Vorrichtungsbauer, die von Brücken herab Stromabnehmer zerstören, sind oft für die Zuginsassen nicht unmittelbar gefährlich. Für die Betriebsführung ist Derartiges aber äußerst hinderlich. Stundenlange Verspätungen und Umleitungen mit all ihren unangenehmen Begleiterscheinungen sind die Folge. Denn keiner weiß, wie lange so etwas dauern wird. Ist es harmlos oder doch gefährlich? Dies weiß nur der – natürlich anonyme – Täter selbst. Soll man den bedrohten Intercity von Frankfurt (M) nach München, der über Würzburg verkehren soll, nun über Stuttgart umleiten? Es kann die falsche Entscheidung sein. Lässt man diesen Zug in Frankfurt (M) stehen? Auch dann wird geschimpft, weil es nicht weitergeht. Oder lässt man ihn trotz der Drohung den planmäßig vorgesehenen Weg fahren, um die Fahrgäste nicht zu verärgern. Und bleibt der Zug dann tatsächlich wegen Sabotage liegen, heißt es sofort: „Warum wurde der Zug nicht umgeleitet?" Vor skrupellosen Attentätern ist man nie sicher! Solche Menschen drohen an, warten auf Polizeimaßnahmen und schlagen schließlich dann zu, wenn offiziell Fehlalarm gemeldet wird. Ich bin froh, dass ich derartige Entscheidungen nicht zu treffen brauchte! Lautstarke Beschimpfungen in Rundfunk und Fernsehen oder in Zeitungen mit großen, schrillen Überschriften sind dem Entscheidungsträger immer sicher!

Auch im Raum München trieb solch ein „Mastensäger" einmal sein böses Spiel. Ich hatte, wie so oft in dieser Zeit, einen IC mit einer 103 von Stuttgart nach München zu fahren.

Es war kurz vor 23 Uhr, als ich im 200-km/h-Schnellfahrabschnitt zwischen Augsburg und München auf einer Straßenbrücke der Bundesstraße 2 bei Hattenhofen ein abgestelltes Auto erkannte. Mein Gehirn schaltete sofort auf „Attentatsalarm"! Etwa 800 Meter weiter erkannte ich schemenhaft zwei dunkle Gestalten, die sich hinter einem Fahrleitungsmast versteckten. Ich reagierte sofort: Stromabnehmer senken – Schwung fahren – über Notruf die Strecke sperren lassen – mit LZB Nothalt auslösen! Zugbahnfunk ist in solchen Situationen etwas Wunderbares. Alles geschah innerhalb von Sekunden.

Bald darauf riefen die Fahrdienstleiter der beiden nächstgelegenen Bahnhöfe bei mir an. Sie verlangten genauere Kilometersteinangaben, wo sich die verdächtigen Personen befänden. Die Brücke, bei der sich das ominöse Auto befand, war bei Eisenbahnern natürlich bekannt. Aber die örtliche Polizei stand hinter diesen Fragen. Etwa 15 Minuten später, bei der Ankunft in München Hbf, standen zwei Bahnpolizisten am Prellbock. Sie meldeten mir, dass die dunklen Gestalten gefasst seien und auch das Auto sichergestellt sei.

Ich war über diese Nachricht heilfroh. Endlich waren die Attentäter festgenommen, die schon seit einigen Wochen immer wieder Sabotageakte bei der Bahn verübt hatten. Nun waren sie also endlich geschnappt worden! Dies war mir wichtig, schon allein wegen meiner eigenen Sicherheit.

Doch gleich darauf gab es für mich eine kalte Dusche aus dem Mund der Bahnpolizisten. Eine Belohnung für mich sei auf keinen Fall drin, teilten sie mir mit. Denn die „gefassten" Gestalten waren Fahndungsbeamte, die im Dunkeln die Masten kontrollierten. Aus taktischen Gründen werden die Fahrdienstleiter und die Zugleitungen über solche Aktionen nicht informiert. Die beiden hatten sich nur deshalb hinter den Masten „versteckt", weil Züge, die mit Tempo 200 vorbeibrausen, einen enormen Sog erzeugen. Derartige Fehlschläge werden aber in Kauf genommen. Interessant sind sicherlich die Gesichter der Polizeibeamten gewesen, als sie ihre eigenen Kollegen festnehmen wollten.

Die finstere Gestalt hinter dem Oberleitungsmast war jedoch kein Attentäter, sondern ein Fahndungsbeamter, der im Dunkeln die Masten kontrollierte. Aufnahme: Slg. Dr. Brian Rampp

Eine böse Überraschung

In den Jahren 1980 bis 1985 gab es einen Nachtzug von Stuttgart nach München mit der Zugnummer 2365. Dieser Zug bestand aus einigen Postwagen, Expressgut- und Güterwagen. Für Reisende hatte er auch zwei oder drei Nahverkehrswagen („Silberlinge"). Der 2365 fuhr nach Mitternacht in Stuttgart Hbf ab und traf kurz vor vier Uhr in München Hbf ein. In Ulm und in Augsburg wurden mit der Zuglok am hinteren Ende jeweils Post- und andere Wagen ausgetauscht. Daher dauerten diese beiden Aufenthalte relativ lange. Auch die anderen Unterwegsaufenthalte dauerten jeweils einige Minuten, weil immer sehr viel ein- und ausgeladen werden musste. Die „Silberlinge" in der Mitte des Zuges waren öfters mit Betrunkenen oder anderen „schrägen Vögeln" belegt. Kurzum, ein Zug, mit dem man nur fährt, wenn es gar nicht anders geht. Ein Güterzug mit Personenbeförderung (GmP), der als Schnellzug deklariert war.

Auch ich kam einmal mit diesem Zug in Berührung. Aber nicht etwa vorne als Lokführer, denn da hatte ich ihn sowieso öfter zu fahren. Nein, als Fahrgast im Zug! Ich hatte einen Sonderzug von Kufstein nach Kornwestheim gefahren. Der kam aus Italien und hatte – wie sollte es auch anders sein? – sehr viel Verspätung. Anschließend fuhr ich von Kornwestheim „außer Dienst" nach Hause. Die Abendzüge nach München waren schon alle weg, und so blieb mir nichts anderes übrig, als mit dem 2365 zu fahren, denn ich hatte am nächsten Morgen etwas vor und wollte noch vor sechs Uhr früh bei meinen Lieben sein.

Zu vorgerückter Stunde wird es auch im Münchner Hbf ruhiger. In den wenigen nach Mitternacht ankommenden bzw. abfahrenden Zügen werden teilweise mehrere Postwagen mitgeführt. Am 29. Dezember 1982 bespannt 103 124 (oben) einen Nachtexpress, am 26. März 1985 wird der gleiche Zug von 120 005 (unten) befördert. Aufnahmen: Frank Lüdecke (oben) und EAW

Ich setzte mich also in den mittleren der „Silberlinge" – an diesem Tag waren es noch drei – und begann mit meinen Monatsabrechnungen, las in irgendwelchen Zeitungen und Zeitschriften und versuchte, möglichst nicht einzuschlafen. Ich war jedoch sehr müde, und so schlief ich zwischendurch immer mal wieder einige Kilometer lang ein.

Mir fiel ein Mann auf, der etwa 30 Jahre alt war, mit Lederjacke, schwarzem Hemd und Blue Jeans bekleidet. Er ging immer wieder durch die Wagen, mal nach vorne, mal nach hinten. Ob er einen „Dauersitzplatz" hatte, weiß ich nicht, denn er blieb immer einige Zeit am vorderen oder am hinteren Ende der drei Personenwagen. Ich dachte mir im Stillen, vielleicht macht er Studien

für eine Doktorarbeit mit dem Titel: „Wie schläft man im Silberling“ – Körperhaltung nur eine Frage des Willens?“ Denn wirklich, die Leute, die in einem dieser Wagen länger als 15 Minuten durchschlafen können, sind entweder Akrobaten oder stammen von indischen Fakiren ab …

Der junge Mann hatte kein Gepäck, keine Tasche, keinen Plastikbeutel – nichts wies darauf hin, dass er „krumme Dinge“ vorhätte. Nicht einmal eine Zigarette hatte er in der Hand – einfach nichts! Er war auch im Besitz einer gültigen Fahrkarte und hatte keinerlei Beschwerden von Reisenden verursacht. Natürlich fiel er auch dem Zugführer auf, wie er immer wieder durch die drei Wagen schlich. Er öffnete die Übergangstüren sehr leise und schloss sie ebenso sanft, er sprach niemanden an und roch auch nicht nach Alkohol. Zusammen mit einigen anderen Fahrgästen verließ er schließlich in Augsburg den Zug.

Als wir uns dem Zielbahnhof München näherten, begann nach und nach „das große Erwachen“. Die Leute, die geschlafen hatten, klinkten ihre Gelenke und Rückenwirbel wieder ein, schlüpften in ihre Jacken und Mäntel. Meist hatten sie beim Schlafen die Füße auf den gegenüberliegenden Sitzen und – als brave deutsche Mitbürger – ihre Schuhe auf dem Boden abgestellt. Doch wo waren die Schuhe? Etwa zwanzig weibliche Fahrgäste fanden nur noch jeweils einen, den rechten! Überall fehlten die linken Schuhe! Niemand hatte beobachtet, wer sie entwendet und vor allem wie sie verschwunden waren. Hilfreiche Zuginsassen suchten zusammen mit dem Zugführer und mir alles ab, wo auch nur die kleinste Möglichkeit zum Verstecken von Gegenständen in Wagen war. Alles wurde von uns durchsucht, sogar die Hohlräume über den Toiletten, in denen die Wasserkästen sind – alles ohne Erfolg. Die Damen hatten keine linken Schuhe mehr!

Jetzt erinnerten sich viele Reisende an den sonderbaren jungen Mann, der in Augsburg den Zug verlassen hatte. Mir war es nicht aufgefallen, aber zwei Zeugen sagten übereinstimmend: Dieser Mann trug Damenschuhe, keine hochhackigen – aber immerhin Damenschuhe!“ Wahrscheinlich war er es, der den Till Eulenspiegel spielte und den schlafenden Frauen die Schuhe entwendete und verschwinden ließ. Wo sie geblieben waren, weiß niemand – er stieg ohne Gepäck aus. Hatte er sie kurz vor Augsburg aus dem Fenster geworfen?

Die einzigen, die sich darüber freuten, waren wohl die Taxifahrer am Münchner Hauptbahnhof, die plötzlich zahlreiche unerwartete Fahrten bekamen.

Franz Eigl informierte per Diensttelefon den zuständigen Fahrdienstleiter über die schadhafte Oberleitung. Dieser ließ die Strecke umgehend sperren und schickte einen Reparaturtrupp mit dem Turmtriebwagen 702 136 los.

Aufnahme: Evelyn Erhard

Wie verdient man sich bei der Bahn in der Freizeit Geld?

Wie allgemein bekannt, bin ich stolzer Besitzer eines Schrebergartens. 300 Quadratmeter Bahndamm-Westseite, Kilometerstein 7,4. Er ist das Hobby Nr. 2 von meinem Hobby Nr. 1, meiner Frau. Im Garten befindet sich ein Häuschen, in dem ich mich hin und wieder direkt nach einer Dienstschicht schlafen legte. Besonders an warmen Tagen, wenn eine Dienstschicht in der Zeit zwischen drei- und sechs Uhr morgens endete. Meist kam dann meine Frau gegen Mittag zu mir in den Garten. Auf diese Weise störte ich sie nicht, wenn ich heimkam, und sie mich nicht, wenn sie gegen sieben Uhr aufstand – ein ewiges Problem beim Fahrpersonal ganz allgemein. Auch zu anderen Zeiten schlief ich dort hin und wieder einige Stunden, besonders vor Nachtschichten.

Eines schönen Nachmittags lag ich wieder einmal im Gartenhäuschen und „betrachtete meine Augenlider von innen“.

Meine Frau war draußen und pflegte „ihre“ Blumen und „meinen“ Weinstock. Plötzlich sprang die Türe auf, sie stürzte an meine Liege und weckte mich aufgeregt: „Draußen am Gleis hat es fürchterlich gekracht und geblitzt, schau schnell nach, vielleicht eine Bombe!“ – Sofort war ich auf den Beinen. Ich erkannte, dass der Fahrdraht der Strecke unmittelbar vor unserem Garten gerissen war. Er hing herab, und die Enden pendelten etwa einen Meter über den Gleisen.

Sofort sperrte ich das betroffene Gleis mit einem „technischen Trick“ – wie, wird hier nicht verraten! Mit ihm ließ sich das Hauptsignal für diesen Streckenabschnitt nicht mehr auf „Fahrt“ stellen. Ein sich nähernder Zug war auf zwei Kilometer nicht in Sicht. Ich beauftragte meine Frau, darauf zu achten, dass niemand den freihängenden, 15.000 Volt Spannung führenden Fahrdrahtenden zu nahe kam.

Ich selbst rannte barfuß – für's Schuhe anziehen war keine Zeit – über den kantigen Schotter zum naheliegenden Dienstfernsprecher und verständigte den zuständigen Fahrdienstleiter über den Vorfall. Ich ließ die Strecke sperren, die Fahrleitung abschalten und Züge im intakten Nachbargleis anweisen, langsam an der Stelle vorbeizufahren.

Jeder sollte wissen, dass bei „nur" abgeschalteter Fahrleitung immer noch Lebensgefahr besteht, wenn man den Fahrdraht berührt. Die sogenannte Induktionsspannung reicht zum Töten einer Person noch vollkommen aus. Erst, wenn zwei Erdungsvorrichtungen angebracht sind, ist die Gefahr vorüber.

Leute in der Nachbarschaft hatten den Knall gehört und den Blitz gesehen und daraufhin die Polizei verständigt. Als diese mit ihren Funkwagen die etwas unzugängliche Stelle erreichte, wollten sie das tun, was ich schon längst getan hatte – die Strecke sperren. Ich stellte mich den Polizisten vor und erklärte, dass alles Notwendige bereits erledigt sei und dass außer dem „sich Nähern und Berühren" des herabhängenden Fahrdrahts keine weitere Gefahr mehr bestünde. Irgendwie waren sie froh darüber, denn welcher Polizist kennt sich mit Bahnbetriebsaufgaben aus?

stand und beim Fahrdienstleiter in München-Mittersendling erkundigt und wusste daher bereits präzise über den gesamten Vorfall und meine Aktivitäten Bescheid. Ich las „meine" Meldung durch und konnte bedenkenlos unterschreiben.

Etwa vier Wochen später bekam ich eine „schriftliche Belobigung" und einen Geldbetrag von 100,– DM zugewiesen. Schriftliche Belobigungen für rasches und entschlossenes, umsichtiges und richtiges Verhalten in der Personalakte sind wesentlich mehr wert als ein Geldbetrag. Sie bringen bei beruflichen Beurteilungen unter Umständen eine bessere Benotung und damit manchmal auch eine frühere Beförderung – das Beamtenrecht will es so!

Übrigens, von den 100,– DM Belohnung bekam ich nur 78,40 DM ausbezahlt. 20 % Lohnsteuer und wiederum 8 % der Lohnsteuer als Kirchensteuer wurden mir davon abgezo(ckt)gen – das Steuerrecht will es so!

Nun, man muss Gott für alles danken! Zweimal „fein Essen gehen" mit meinem Hobby Nr. 1 war – nach damaliger Preislage – natürlich drin. Schließlich hatte sie die ganze Zeit am Gleis gestanden und – vor Angst bibbernd – allen Neugierigen und zufällig Vorbeigehenden durch intensive Warnung das Leben gerettet!

Auch wenn die Fahrleitung abgeschaltet ist, besteht Lebensgefahr. Erst wenn zwei Erdungsvorrichtungen angebracht sind – so wie hier vor und hinter dem Turmtriebwagen 702 115 in Oberau – ist die Gefahr vorüber, und es kann mit den Fahrleitungsreparaturen begonnen werden. Aufnahme: GG

Nachdem auch der Fahrleitungs-Reparaturtrupp mit seinem Turmtriebwagen eingetroffen war und die „Erdung" ordnungsgemäß ausgeführt hatte, verließ ich die – nun wieder aufgehobene – Gefahrenstelle, denn schließlich musste ich ja zum Dienst.

Einige Tage später wurde ich in meiner Dienststelle ins „Ermittlungsbüro" gebeten. Dort sollte ich eine Meldung über diese Betriebsstörung abgeben und einen Antrag auf „außerordentliche Belohnung" stellen. Der Ermittler, der „Scharfrichter", den ich in anderen Geschichten bereits erwähnte, hatte diesen Posten mittlerweile nicht mehr inne, sondern jemand aus dem Fahrdienst. Dieser kannte den Eisenbahnbetrieb bestens und natürlich auch mich persönlich recht gut. Er wusste auch von meiner Schreibfaulheit (die hatte ich damals wirklich!) und meinte daher freundschaftlich zu mir: „Blasius, du fauler Uhu! Da man dich ja zu deinem Glück zwingen muss, habe ich bereits alles vorbereitet – du brauchst nur noch zu unterschreiben!" Er hatte sich beim Vor-

Erst im Jahr 1988 erfuhr ich vom damaligen Dienststellenleiter des Bahnhofs München-Mittersendling, dass genau dieser Vorfall stets im Dienstunterricht verwendet und Lokführer Eigl dabei als Vorbild genannt wurde, weil „dieser sofort seine Frau an die Gefahrenstelle schickte, bis er vom Fernsprechapparat zurückkam und die Aufsicht selbst übernehmen konnte" – was jedesmal ein schallendes Gelächter bei den Unterrichteten hervorgerufen hatte. Vom Ernst der Sache und dieser humorvollen, aber drastischen Darstellungsweise war oft Gebrauch gemacht worden.

Ich lud ihn damals ein, in meinen Garten zu kommen. Dort tranken wir zusammen einige Gläser „7,4er Bahndamm Rotschotter" – so heißt mein Rotwein aus eigenem Anbau. Mancher Besucher meines Gartens ist zwar der Meinung, der Wein sei nicht „trocken", sondern „dürr", die breite Mehrheit der Weinkenner bezeichnet ihn jedoch als schmackhaft und nicht als „Essigheimer Schädelbrumm"!

Nach seiner Pensionierung wurde Franz Eigl u. a. Ausbilder für die DB-Museumslok E 18 03. Auch mit dieser Lok wird sein Name immer verbunden bleiben. Die Aufnahmen dieser Seite zeigen E 18 03 in den letzten Jahren ihres Plandienstes als 118 003.

Am 19. August 1980 fährt 118 003 auf die Drehscheibe ihres Heimat-Bw Würzburg (ganz oben) und wird für einige Stunden auf einem der zahlreichen Gleise des großen Bahnbetriebswerks abgestellt. Auf ihren weiten Reisen erreicht sie planmäßig auch die baden-württembergische Landeshauptstadt Stuttgart, in deren Bw Rosenstein am 5. April 1983 die 118 003-Führerstandsbilder in der Mitte entstanden. Und schließlich darf auch München nicht fehlen. Im Vorfeld des dortigen Hauptbahnhofs taucht sie soeben mit einer Leergarnitur aus dem Dunkel der Unterführung auf. Aufnahmen: GG

Von wegen altes Eisen! 1984, nach ihrem Ausscheiden aus dem Betriebsalltag der DB, begann für E 18 03 die zweite Karriere als Museumslok der DB. Nach ihrer Überstellung von Passau nach Frankfurt (M) brachte Franz Eigl dortigen Lokführern das Fahren mit der betagten Ellok bei. Am 12. März 1995 führt E 18 03 – von frisch ausgebildeten Lokführern gefahren – bei Bruchenbrücken den planmäßigen E 3607 (oben) von Kassel Hbf nach Frankfurt (M) Hbf. Für die Schnellzug-Ellok standesgemäßer war jedoch die Beförderung des DZ 22666 (Düsseldorf – Venedig S.L.), aufgenommen am 7. Juli 1994 in Frankfurt (M)-Niederrad (unten). Aufnahmen: Thomas Schwade (oben) und Dieter Kempf

Ausbildung und Probefahrt für Frankfurter E 18-Lokführer

Wie allseits bekannt, bin ich mittlerweile schon seit einigen Jahren pensioniert. Doch seither kümmere ich mich sehr gerne und intensiv um einige inzwischen historische Elektrolokomotiven. Denn erst seit meiner Pensionierung kann ich mich diesem Hobby so richtig widmen. Als Münchner ist natürlich E 18 08 für mich die Nummer 1. Aber auch E 18 03, die einige Jahre lang von Passau aus als DB-Museumslok eingesetzt war, ist mir sehr ans Herz gewachsen. Außerdem stehe ich mit Rat und tat auch anderen Gruppen, die historische Elloks betreuen, zur Seite. Mit den Kollegen aus Frankfurt (M) habe ich die besten Verbindungen, besonders, seit ich die dortigen Lokführer das Fahren und Störungssuchen an E 18 lehren durfte, als diese die Museumslok E 18 03 aus Passau übernahmen.

Als Pensionist darf man zwar seine Kenntnisse weitergeben, aber selbstverständlich keine Prüfungen abnehmen. Dies darf nur jemand aus dem höheren Dienst. Dieser ist dann ja auch für mögliche Fehler der Prüflinge verantwortlich, wenn sie alleine unterwegs sind. Vorherige Absprachen mit den beteiligten Stellen über den Verlauf der Ausbildung waren längst ausgehandelt. Drei Tage waren für die Schulung vorgesehen. Die Anleitung zur E 18-Ausbildung bekam ich von einem pensionierten E 18-Lehrer. Der hatte mir seine persönlichen E 18-Unterlagen zur Verfügung gestellt.

So fuhr ich also an einem Vormittag auf eigene Kosten nach Frankfurt (M), um dort mit fünf Frankfurter und einem Münchner Lokführer die E 18-Ausbildung durchzuführen. Alle sechs waren hoch motiviert. Am nächsten Tag begann ich also die Schulung. Teilweise im Unterrichtsraum, teilweise an der Lok. Ein Lokführerausbilder aus Frankfurt, der zwar die E 18 nicht kannte, dafür

Nur schwer war die Zugleitung davon zu überzeugen, dass die 60 Jahre alte E 18 03 in der Lage ist, den planmäßigen IR 2672 (Konstanz – Kassel Hbf) zu befördern. Am 27. April 1994 war es soweit. Lok und Personal brachten mit einer wahren Bravourleistung den mit acht Minuten Verspätung in Frankfurt angekommenen Zug nach Kassel – pünktlich auf die Minute!

aber die E 94, kam zwischendurch zu uns, um sich davon zu überzeugen, ob das ausgehandelte Programm von mir auch eingehalten wurde. Natürlich war dies der Fall! Ich führte die Ausbildung durch wie andere Ausbilder es auch getan hätten. Bei der Übungsfahrt mit einem Nahverkehrszug am 19. September 1991 nach Mannheim war der Ausbilder mit auf der Lok. Ebenso am 20. September 1991 bei der Prüfungsfahrt auf derselben Strecke. Logischerweise zusätzlich noch der Prüfer. Alle sechs „Ausbildlinge" bestanden die Prüfung – auch der Münchner, der das Handicap hatte, die Strecke nicht gut zu kennen.

Zweieinhalb Jahre später wiederholte sich das Spiel. Wieder war eine E 18-Ausbildung in Frankfurt (M) nötig. E 18 03, die in Passau zu wenige Einsätze bekam, war nunmehr nach Frankfurt (M) 1 umbeheimatet worden und hatte inzwischen so viele Einsätze, dass man mehr Personal für sie benötigte. Die Frankfurter E 18-Lokführer hatten ja noch ein weiteres historisches Fahrzeug, nämlich den ebenfalls viel eingesetzten ET 65 006, zu fahren und technisch zu betreuen.

Die zweite Ausbildung, die ich in Frankfurt (M) ausführte, war für mich bereits wie Routine. Alles verlief wie beim ersten Mal. Nur das Nahverkehrszugpaar Frankfurt – Mannheim – Frankfurt konnte aus Lokumlaufgründen nicht als Übungs- und Probefahrtszug gefahren werden. Das Problem war schwer zu lösen. Wir benötigten ein Zugpaar, das mit Frankfurter Personal ohne Lokwechsel hin und her gefahren wurde. Es gab zwar einige Zugpaare, aber dabei handelte es sich um Interregios der Relation Konstanz – Frankfurt (M) – Kassel. Diese waren damals noch keine Wendezüge, daher gab es in Frankfurt (M) bei ihnen noch einen Lokwechsel. Die Züge hatten in Kassel-Wilhelmshöhe knappe ICE-Anschlüsse zu erreichen. Die Zugleitung (Lokdienst) war daher nur äußerst schwer davon zu überzeugen, dass eine fast 60 Jahre alte E 18 einen Interregio, der planmäßig mit einer Lok der Baureihe 111 bespannt wurde, genauso gut, sicher und pünktlich befördern kann. Es brauchte viel gutes Zureden und noch mehr Überzeugungskraft, um so einen Interregio auf dem Abschnitt Frankfurt – Kassel – Frankfurt für diese Zwecke zu bekommen.

Am 27. April 1994, dem Tag der Übungsfahrt, kam der Zug aus Konstanz mit einer Verspätung von acht Minuten in Frankfurt an. Abfahrt sollte mit Zeigersprung sein. Allerdings genau sieben Minuten zu spät. Schon kurz nach der Abfahrt erkundigte sich die Zugleitung besorgt, ob alles in Ordnung sei. Die Abgangsverspätung aus anderen Gründen war ja bekannt. Ebenso wusste man dort, dass eine Lok der Baureihe 111 normalerweise die Verspätung bis Kassel-Wilhelmshöhe ausgleichen kann. Nur war ihnen diesmal nicht ganz wohl, weil sich ja keine 111, sondern eine „uralte" E 18 vor dem Zug befand. Ich beruhigte sie und meinte, dass es schon funktionieren würde mit ihren Anschlüssen in Kassel.

Natürlich beschleunigten wir sofort nach der letzten Weiche in Frankfurt mit aller Kraft, die aus einer E 18 herauszuholen ist. Alles, was der Fahrplan hergab, wurde auch ausgenutzt. Ein kurzer Zwischenstart in der langen Geraden vor Friedberg, eine scharfe Bremsung und ein energischer Zugführer, der schon den ersten Achtungspfiff gab, als die ersten Fahrgäste eben mit dem Einsteigen begannen. Schon waren es nur noch fünf Minuten Verspätung. Weiterfahrt nach bewährtem Muster. Plötzlich, vor Gießen-Bergwald, stand ein Signal auf Halt! Die sofortige Rückfrage in der Zugleitzentrale ergab, dass ein Güterzug vor uns war, der aber an der Abzweigstelle, ein Signal weiter, unsere Strecke in Richtung Wetzlar – Dillenburg – Siegen verlassen würde. Wir kamen zwar nur einige Sekunden zum Stehen, aber die erneute Anfahrt bergauf machte die drei Minuten, die inzwischen bereits ausgeglichen waren, wieder zunichte.

Bei der Abfahrt in Gießen hatten wir wieder unsere sieben Minuten. Schade um den vielen Strom und die Bremsklötze! Nach dem Motto: „Verspätungen sind dazu da, um wieder ausgeglichen zu werden", brausten wir weiter in Richtung Marburg. Die Berge rechts der Lahn – Geiersberg, Argenstein, Frauenberg und Lichter Kappel und wie sie sonst noch alle heißen – grüßten zu uns herab. Die Autostraße nebenan heißt nicht umsonst „Deutsche Märchenstraße". Für mich war diese Landschaft neu! – Und schon wäre es beinahe passiert! Marburg, „Ausfahrt Halt erwarten"! Vor lauter Landschaftserklären und verschärfter Fahrweise hätten wir um

Haaresbreite die Wachsamkeitstaste nicht bedient. Die Bremsung für den Halt am Bahnsteig war aber schon längst eingeleitet. Abfahrt in Marburg – nur noch fünf Minuten zu spät. Am Ende der Rechtskurve von Cölbe nach Bürgeln wetzten wir sicherlich einiges von den äußeren Schienenköpfen ab, aber über die anschließende Gerade nach Kirchheim wollten wir unbedingt in voller Länge mit 140 km/h schnurren.

In Treysa, hinter der Wasserscheide Rhein-Weser, hatten wir nur noch vier Minuten Verspätung. Dank des Zugführers blieb der Aufenthalt unter einer Minute. Man konnte sich des Eindrucks nicht erwehren, dass der erste Abfahrtspfiff schon vor dem Anhalten gegeben wurde. Nächster Halt „Wabern" – wieder eine Minute herausgeholt. Unsere Frankfurter Kollegen, die ja die Strecke gut kannten, meinten zu mir: „In Kassel-Wilhelmshöhe sind wir „Plan"! Es ist zu schaffen!"

Kurz vor Guntershausen ging ich noch einmal kurz in den Maschinenraum, um den Lauf der Lüfter und die Temperaturen von Haupttransformator und Fahrmotoren zu kontrollieren. Alles in Ordnung, die Außentemperatur war ja auch nicht besonders hoch. Durch den Bahnhof Guntershausen mussten wir planmäßig langsam fahren, und in der anschließenden langen, starken Steigung hinauf nach Kassel konnte die E 18 03 nochmals zeigen, was in ihr steckt. Sie kann nämlich nachweislich im Bereich zwischen 70 und 110 km/h mehr leisten als eine 110 oder 111. Auch neigt die E 18 allgemein nicht so sehr zum Schleudern. Im Endspurt vor Kassel und durch scharfe Bremsung stellten wir dann auch noch die letzte Minute „in die Ecke". Unsere Ankunft in Kassel-Wilhelmshöhe fiel zwar nicht ganz mit dem berühmten Zeigersprung zusammen – aber immerhin, wir waren pünktlich!

Kaum standen die Räder still, piepste auch schon der Zugbahnfunk. Am Ende des Funkstrahls war der Herr aus der Zugleitung. Er bedankte sich für die exzellente Fahrweise und vor allem dafür, dass wir seinen Fehler vor Gießen-Bergwald sogar noch zusätzlich ausgeglichen hatten.

Die Rückfahrt war dann schon wieder eine „Alltagsfahrt", weil pünktlich abgefahren werden konnte. Bei der Abfahrt meinte der offizielle Ausbilder, der, wie bei den Fahrten nach Mannheim, auch diese Übungsfahrt begleitete: „Eigentlich schade, dass wir nicht nochmals so viel Verspätung zum Ausgleichen haben." Es hatte uns wirklich Spass gemacht!

Als wir mit dem Gegenzug in Frankfurt einfuhren, stand zwar nicht der Bahnvorstand am Prellbock, aber immerhin derjenige, der mit flauem Gefühl in der Magengegend die Zustimmung gegeben hatte, dieses Zugpaar mit E 18 03 zu bespannen. Er war sehr „erleichtert", hatte er doch unsere ganze Fahrt in der Zugleitung verfolgt. Auch die Panne mit dem Güterzug!

Nach der Prüfungsfahrt am nächsten Tag, die – ebenfalls ohne eine Sekunde Verspätung zu verursachen – gut für die Ausbildlinge und die E 18 03 verlief, wurde die Lok dann recht häufig von Frankfurt aus eingesetzt. Vor allem wurde sie stets als Zuglok für den historischen Orient-Express mit seinen besonders schönen Wagen von Frankfurt nach Düsseldorf und zurück verwendet. Bei vielen Fahrten war ich selbst mit dabei, besonders dann, wenn einem frisch ausgebildeten Lokführer die ersten Alleinfahrten mit der E 18 zugeteilt wurden. Auch bei dem bisher vielleicht schwersten Sonderzug, den eine E 18 als Museumsfahrzeug schleppen musste, war ich mit dabei: Fünfzehn „ausgewachsene" Schnellzugwagen leer von Frankfurt nach Fulda und von dort aus voll besetzt zurück nach Frankfurt und weiter über Mainz nach Bingen! Dann leer weiter nach Koblenz. Rückfahrt wieder besetzt Koblenz – Mainz – Frankfurt (M) – Fulda. Dabei mussten wir zwischen Steinau und Fulda an allen Stationen die für den jeweiligen Ort reservierten Wagen an die viel zu kurzen Bahnsteige plazieren. Hierbei zeigte sich, dass, wenn sich die Bahnsteige in Fahrtrichtung links befinden, ein zweiter Mann auf der Lok äußerst vorteilhaft ist. Auch bei dieser Fahrt konnte die E 18 zeigen, was in ihr steckt. Vom Bahnhof Schlüchtern aus steigt die Strecke in Richtung Fulda enorm an. Der „Landrücken" wird, auch durch die ICE-Neubaustrecke Würzburg – Fulda, mittels eines Tunnels unterquert. Der Schlüchterner Tunnel der Altbaustrecke ist allerdings wesentlich kürzer. Wir erreichten bis zum Ende des Tunnels mit unserem 600-Tonnen-Zug tatsächlich 105 km/h!

Die Rückleistung mit IR 2577 (Kassel Hbf – Konstanz) am 28. April 1994 absolvierte E 18 03 bei regnerischem Wetter ebenso problemlos wie die meisterliche Fahrt am Vortag. Die Aufnahme entstand zwischen Gießen und Frankfurt (M) bei Okarben.

Aufnahmen linke Seite und rechts: Thomas Schwade

Wenn eine Reparatur an E 18 03 nötig wurde, fuhr jemand aus der E 18-Gruppe so rasch wie möglich von München nach Frankfurt, um zu helfen. Auch bei einem Blitzschaden, der bei E 18 03 im Raum Heidelberg auftrat (auch andere Elloks waren damals betroffen) konnten wir rasch helfen. Innerhalb von 20 Stunden konnten wir einen intakten „Heizschütz" besorgen. E 18 03 musste aber dennoch ins Bw München Hbf, weil bei ihr zusätzlich der Hauptschalter beschädigt worden war. Dort wurden noch einige verschmorte Kabel, die im Bw Frankfurt (M) zunächst nur notdürftig isoliert worden waren, getauscht. Diese Arbeiten waren für uns ehrenamtliche Mitarbeiter doch zu umfangreich. Klar, dass wir in München die Handwerker unterstützten. Leider ist seit März 1997 die Untersuchungsfrist der E 18 03 abgelaufen. Sie befindet sich nicht mehr in Frankfurt (M), sondern hat seit dem Jahr 2001 einen sicheren und trockenen Einstellplatz im DB-Museum Koblenz-Lützel.

Reparaturen an E 18 03

Im Frühjahr 1992 wies E 18 08 unserer Münchner BSW-Gruppe aufgrund eines uns zunächst unbekannten Fehlers einen sehr starken einseitigen Verschleiss an den Radreifen auf. Die Lok durfte daher vorerst nicht mehr eingesetzt werden. Aber gerade in dieser Zeit waren sehr viele Sonderzüge mit unserem Prachtstück von Lok geplant!

Ich versuchte, als Ersatzlok die Osnabrücker E 04 20 nach München zu holen, doch ich bekam schließlich E 18 03 von den Passauer Eisenbahnfreunden leihweise unter der Bedingung zugeteilt, dass einige der mit ihr bespannten Züge von Passauer Personal gefahren würden.

Einige Leute aus unserer Gruppe fuhren nach Passau und holten E 18 03 aus der dortigen Halle, in der sie über sieben Monate ohne Einsätze gestanden hatte. Zunächst reinigten wir im Maschinenraum alles, was zum Betrieb unbedingt notwendig war. Einige Äußerlichkeiten blieben unberücksichtigt. Hauptsache war, dass die Lok nach nur drei Stunden Vorbereitung als Vorspannlok eines Schnellzuges nach München fahren konnte. Schmieren von Lagern, tränken von Dochtölern und gangbar machen der ausgetrockneten Stromabnehmergelenke hatten Priorität. Dass ein pneumatisches Zeitrelais für das motorisch angetriebene Schaltwerk nicht einwandfrei arbeitete, stellten wir zwar fest, aber es störte uns nicht weiter, denn wir kannten die Anweisung in den Lokunterlagen für den Austausch dieses Gerätes.

Natürlich verlief die Fahrt nach München nach unseren Vorbereitungen einwandfrei. Einige Arbeiten, die wir in Passau aus Zeitmangel nicht hatten durchführen können, wurden selbstverständlich nachgeholt. Auch das defekte Zeitrelais hatten wir sorgsam zerlegt, gereinigt, entrostet und in einwandfreiem Zustand wieder eingebaut. Solche „Fuzziarbeiten“ werden in meinem Gartenhäuschen mit kleiner Werkstatt erledigt. Meine Gartennachbarn fragen schon lange, wann ich eine ganze Lok zwischen die Karotten stelle …

Die ersten Sonderzüge, die wir dann mit E 18 03 von München aus zu fahren hatten, verliefen problemlos. Doch am 20. Juli 1992, auf einer Fahrt nach Regensburg, geschah es: Zwischen Langenbach und Moosburg trat ein elektrischer Überschlag am „Feinregler“ auf. Der Lokführer forderte zu Recht eine Hilfslok an. So einen Schaden kann man nicht unterwegs beseitigen – und schon gar nicht alleine! Der Überschlag trat während der Fahrt mit niedriger Fahrstufe auf, war also kein Personalfehler! Mich verständigte der Lokführer von Moosburg aus, dem Bahnhof, den er noch im „Schwungfahren“ hatte erreichen können. Einige Minuten nach dem Anruf saß ich bereits im Auto und brauste „am Rande der Verkehrsordnung“ nach Moosburg. Die Hilfslok hatte den Zug aber bereits an den Haken genommen und war mit ihm samt E 18 03 in Richtung Regensburg unterwegs. Ich fuhr sofort auf der Straße hinterher. Im Bw Regensburg sah ich dann das ganze Ausmaß des Schadens: Der Feinreglerkollektor war schrott,

E 18 08 im Juli 1995 im Vorfeld des Münchner Hbf (links) in Höhe der imposanten Donnersberger Brücke. Im Frühjahr 1992 kann die der BSW-Gruppe München anvertraute Lok wegen eines zu starken Verschleißes der Radreifen nicht eingesetzt werden. Aber es gab Franz Eigl, der immer zur Stelle war, wenn es irgendwo „brannte“. So auch bei der Abnahmefahrt mit E 18 08, aufgenommen auf der Rurbrücke bei Düren (unten). Hier hat Franz Eigl offensichtlich noch einiges nachzustellen.

Aufnahmen: Manfred Traube (links) und Wolfgang Brade

E 18 03 befindet sich im Jahr 1992 in der Obhut der Passauer Eisenbahnfreunde. Als Vertretung für E 18 08 übernimmt sie im Frühjahr dieses Jahres deren Leistungen ab München. Die Aufnahme mit 41 018 der IG 41 018 entstand am 30. Mai 1987 im Bw Passau. Dem Engagement und Improvisationsvermögen Franz Eigls war es zu verdanken, dass die Fahrten überhaupt stattfinden konnten, nachdem auch bei E 18 03 ein größerer Schaden aufgetreten war. Aufnahme: Frank Lüdecke

Isolationsteile aus Pertinax waren verbrannt, eine Stromleitungsschiene mit den Maßen 40 x 5 Millimeter war – wie durch Mäusefraß – auf etwa fünf Zentimeter Länge nur noch 5 x 5 Millimeter stark. Das Kupfermaterial war explosionsartig zu ganz kleinen Kügelchen verdampft. Im Umkreis von etwa zwei Metern hatten sich diese überall im Maschinenraum festgebrannt.

Was ist zu tun, wie soll es weitergehen, fragten wir uns. Zunächst verständigten wir den Halter der Lok, das Verkehrsmuseum in Nürnberg. Der Herr dort meinte: „Am liebsten wäre mir, wenn die Lokomotive nach Passau gebracht werden könnte, bis eine Entscheidung über eine Reparatur gefallen sei, und, wenn ja, wo und durch wen.

Zufällig ergab es sich, dass etwa zwei Stunden später eine 360 von Regensburg nach Passau fuhr, um dort die Passauer Rangierlok auszutauschen, die wegen Fristarbeiten nach Regensburg ins Bw musste. Schlepplok und Lokführer standen also bereit, und so stand die defekte E 18 03 am Nachmittag wieder in ihrem heimatlichen Lokschuppen in Passau. Der Münchner Lokführer begleitete die Fahrt auf der Lok.

Ich selbst fuhr zusammen mit einem inzwischen herbeigeeilten Gruppenmitglied aus München mit dem Auto auf der Bundesstraße 8 – die parallel zur Bahnstrecke verläuft – ebenfalls nach Passau. Dort erwartete uns auch schon der inzwischen leider verstorbene Gruppenleiter D. der Passauer Eisenbahnfreunde. Wir beschlossen zunächst, uns drei Tage später nochmals an der E 18 03 zu treffen, um die Schäden und eventuelle Folgeschäden an der Lok gründlich zu untersuchen. So geschah es auch.

Am Mittwoch fuhren mein Freund Werner Streil, der ehemalige Oberwerkmeister des Bahnbetriebswerks München Hbf und E 18-Spezialist, und ich nochmals nach Passau. Als wir ankamen, hatte Herr D. bereits die abnehmbare Seitenwand beim Feinregler entfernt. Die genaue Untersuchung ergab, dass nur der 400 Kilogramm schwere Feinregler zu tauschen war, alles andere war glücklicherweise ohne Schaden geblieben – wenn man von den vielen festgebrannten Kupferkügelchen einmal absah. Einige Stunden später waren der Feinregler ausgebaut und die Seitenwand provisorisch wieder geschlossen.

Herr D. aus Passau meinte, in Nürnberg befände sich in einem Lager noch ein Ersatz-Feinregler, den sollten wir kommen lassen und ihn dann gemeinsam in die E 18 03 einbauen. Ich wusste aber, dass dieser Feinregler eine verbogene senkrechte Welle hatte, die erst repariert werden musste. Daher schlug ich vor, den Feinregler aus der E 18 054, die damals noch im Bw Würzburg als Ersatzteilspender stand, auszubauen und für E 18 03 zu verwenden.

Bayern, wie ich einer bin, haben ja bekanntlich ab und zu mal „göttliche Eingebungen". Und genau 14 Tage vorher hatte ich so eine bei einem siebenstündigen Sonderzug-Aufenthalt in Würzburg bekommen. An diesem Tag untersuchte ich E 18 054 auf brauchbare Teile. Daher wusste ich genau, dass dieser Feinregler bis auf vorzunehmende Reinigungsarbeiten sofort verwendbar war.

Mein Vorschlag wurde vom Verkehrsmuseum Nürnberg und von allen anderen Beteiligten akzeptiert. So fuhr ich wieder mal mit meinem Privatauto samt Anhänger durch bayrische Landschaften nach Würzburg. Mit dabei waren ein junger Lokführer und –

Auf der Heimreise vom Ausbesserungswerk Opladen nach München befindet sich E 18 08 im Spätsommer 1998 und passiert bei Braubach einen der schönsten Abschnitte der rechten Rheinstrecke mit der Marksburg im Hintergrund. Im Schlepp führt E 18 08 – die seit 1995 wieder die originale Reichsbahn-Farbgebung trägt – die nicht betriebsfähige E 94 281 mit, die anschließend in Stuttgart hinterstellt wurde. Aufnahme: Wolfgang Brade

wie so oft bei solchen Gelegenheiten – meine frühere Freundin, also meine Frau, auch „Schmutziputzi" genannt. In Würzburg bauten wir dann den Feinregler aus und transportierten ihn in unser damaliges „Exil" nach Augsburg, wo wir in einem Schuppen einen kleinen Raum und einiges an Werkzeug hatten.

Innerhalb weniger Tage brachten wir dann den Feinregler „auf Vordermann". Generalreinigung – Anstriche – Lager schmieren – neue Schleifkohlen einbauen – Kontakte säubern. Am Abend des letzten Arbeitstages verluden wir den Feinregler – der wie neu aussah – wieder auf meinen Anhänger und nahmen ihn mit nach München. Am nächsten Tag, dem 12. August 1992, fuhr ich dann zusammen mit Werkmeister Werner Streil nach Passau, wo wir dann zu dritt – Herr D. war auch wieder dabei – den Feinregler in E 18 03 einbauten. Bereits um 16 Uhr konnte die Ellok wieder mit eigener Kraft Probefahrten im Passauer Bahnhof absolvieren.

Am 15. August 1992 führte Herr D. mit einigen Freunden noch „Restarbeiten" durch: Kupferkügelchen entfernen – Seitenwand schließen – Reinigung. Am 17. August 1992 meldeten sie dem Verkehrsmuseum Nürnberg und den Lokeinsatzstellen: E 18 03 ist wieder betriebsbereit. Alle Arbeiten – mit Ausnahme der Gabelstaplerhilfe – geschahen in der Freizeit. Die Zusammenarbeit mit den Passauer Kollegen war hervorragend.

E 18 03 wurde aber später nach Frankfurt (M) 1 umbeheimatet, da sie dort wesentlich mehr eingesetzt werden konnte. Die betreuende Werkstätte wurde das Bw München Hbf, weil dort Altbaulok-erfahrene Handwerker samt den pensionierten E 18-Spezialisten zu Hause sind.

Der defekte Feinregler aus E 18 03 traf dann im Herbst 1992 „auf dem Dienstweg" in Augsburg ein. Dort zerlegten wir ihn im Frühjahr 1993 in seine Einzelteile. Es zeigte sich, dass sogar die Kugellager der senkrechten Welle beschädigt waren. Beim Stromüberschlag waren Schmorbrandstellen an allen Kugeln entstanden. Es wurde uns der letzte vorhandene Feinreglerkollektor zur Verfügung gestellt, und so konnten wir im Laufe von ein paar Wochen einen praktisch neuen Feinregler zusammenbauen. Er steht heute konserviert, aber einsatzbereit in einem Lagerraum.

Eine weitere Reparatur an E 18 03 war im Sommer 1996 erforderlich, allerdings keine so umfangreiche. Die Lok befand sich mit einem Sonderzug im Raum Heidelberg. In dieser Gegend entlud sich ein ungewöhnlich starkes Gewitter. Irgendwo schlug ein Blitz in die Fahrleitung ein. Normalerweise haben Elloks zuverlässige Blitzschutzeinrichtungen (Überspannungsleiter), aber an diesem Tag war wahrscheinlich eine so hohe Leistung aufgetreten, dass diese Schutzeinrichtungen schlicht und ergreifend überfordert waren. Insgesamt vier Lokomotiven wurden von diesem Blitzschlag gleichzeitig beschädigt, darunter bedauerlicherweise auch E 18 03. Die Einspeisung von der Dachausrüstung ins Lokinnere war betroffen. Zwischen dem Lokdach und dem Haupttransformatordeckel musste es einen riesigen Knall gegeben haben. Den Spuren nach zu urteilen, war es ein Feuerball, der durchaus einen Brand hätte verursachen können, brennbares Isoliermaterial war ja genügend an den Stromleitungen ringsum vorhanden. Glück im Unglück! Der Anschluss vom Transformator zur Zugheizleitung bekam die volle Blitzspannung ab. Dadurch wurden Kabel und vor allem der Heizschütz beschädigt. Normalerweise werden mit dem Heizschütz 1.000 Volt zur Stromversorgung der Reisezugwagen – Heizung, Klimaanlagen, Batterieladung – geschaltet. So ein Heizschütz wiegt etwa 60 kg, etwa ein Fünftel davon löste sich in Kupfer- und Messingkügelchen (wie beim Feinregler) auf. Ringsum waren die kleinen Biester mal wieder eingebrannt. Die Hochspannungsisolatoren im Lokinnern waren mit schwarzen Qualm-(Schmauch)-Spuren total überzogen. Ich erfuhr von dem Vorfall am Tag danach gegen 16 Uhr. Verzweifelt rief mich ein Frankfurter Kollege zu Hause an. Nach dem

Nach Sankt Goarshausen durchfahren die beiden Altbau-Elloks den Loreley-Tunnel (oben). Franz Eigl, für den die Münchner E 18 08 natürlich die Nummer 1 unter „seinen" Lokomotiven war, genoss die Fahrt entlang des Rheins bei dem herrlichen Wetter besonders. Bei dieser Gelegenheit entstand die Aufnahme mit „Blasius" auf dem Führerstand (unten). Der Bildautor Wolfgang Brade wurden übrigens von Franz Eigl auf der E 18 ausgebildet. Aufnahmen: Wolfgang Brade

Motto: Nicht verzagen – Blasi fragen. Er erklärte mir, dass der Lagerist in Nürnberg in Urlaub sei. Ich fragte ihn: „Wann ist eure nächste Fahrt, bis wann muss der Schütz in Frankfurt sein?" – „Den Schütz brauche ich bis gestern – vorgestern wäre noch besser – also möglichst bald." – „Gut, sei morgen vormittag gegen zehn Uhr in Frankfurt am Hauptbahnhof, da bringe ich dir einen mit, ich bin im Zug 4711 ganz vorne im ersten Fahrzeug", erklärte ich dem Kollegen. Er war über die rasche Hilfe, die ich ihm geben konnte, erstaunt. „Ja, hast du denn so ein Gerät im Wohnzimmerschrank?" – „Nein, das nicht, aber ich fahre jetzt gleich noch nach Garmisch-Partenkirchen und hole den Heizschütz aus der E 91 99, denn der wird mit Sicherheit nicht so rasch wieder benötigt, und E 18 03 ist anschließend wieder vollständig und einsatzbereit."

Gegen 17 Uhr saß ich zusammen mit meiner Frau im Auto, unterwegs zum Garmischer Ringlokschuppen, um aus E 91 99 den guten Heizschütz zu holen. Mein „Schmutziputzi" kennt solche Spontanfahrten und half natürlich tatkräftig mit Schraubenschlüssel und sonstigem Werkzeug beim Ausbau des Gerätes. Vier Stunden später waren wir wieder zu Hause. Am nächsten Tag brachte ich das schwere Teil zum Hauptbahnhof und dort mit einem Kofferkuli zum Zug 4711. Der Lokführer, den ich gut kannte, half mir beim Umladen, und ich fuhr mit nach Frankfurt (M).

Am Abend besaß E 18 03 zwar wieder einen intakten Heizschütz und gereinigte Isolatoren, war aber trotzdem noch nicht betriebsbereit. Der Hauptschalter hatte „innere Verletzungen" abbekommen. Die Lok musste nun doch zur Reparatur nach München. Sie wurde zu einer lange vorgeplanten Fahrzeugschau nach Stuttgart geschleppt und einen Tag später mit einem Eilzug über Aalen, Nördlingen und Augsburg nach München gebracht.

Wer der Begleiter ab Stuttgart war – na wer wohl? Ein Münchner Pensionist, der nie Zeit hat, weil er sich für etwas Zeit nimmt, für das er keine Zeit hätte, wenn er nicht pensioniert wäre!

ALSO WIEDER MAL ICH, EUER BLASIUS

München 1952. Sieben Jahre nach dem Ende des Zweiten Weltkriegs sind die großen Lücken, die der Bombenkrieg gerissen hatte, noch lange nicht geschlossen. Die am weitesten verbreiteten Verkehrsmittel waren – außer „Schusters Rappen" – Straßenbahn, Eisenbahn und Fahrrad (unten). Kaum jemand kann sich heutzutage vorstellen, dass selbst die Anschaffung eines neuen Fahrrades nur unter finanziellen Opfern möglich war – ein Wunsch, den sich Franz Eigl daher erst nach seiner Lehrzeit erfüllen konnte.

München und die DB in den Dienstjahren des Lokführers Franz Eigl

Wohl kaum eine Epoche der Eisenbahngeschichte – außer ihrer Erfindung – kann sich mit der messen, die Franz Eigl in seinen Dienstjahren erlebte. Zunächst die Kinder- und Jugendjahre während und nach dem Zweiten Weltkrieg. 1950 der Beginn der Lehre bei der gerade einjährigen Deutschen Bundesbahn in einer heute fast nicht mehr nachvollziehbar entbehrungsreichen Zeit, in der sich auch mit der neuen D-Mark die Lebensumstände nur schrittweise verbesserten. In der ersten Hälfte der fünfziger Jahre setzte in den zerstörten Städten der Wiederaufbau ein, und auch bei der DB begannen sich die Verhältnisse zu normalisieren. Dem provisorischen Reparieren von Lokomotiven, Wagen und Fahrwegen nach 1945 folgten nun die systematische Erneuerung von Bahnhöfen, Brücken und Gleisanlagen, vor allen Dingen aber auch die Beschaffung neuer Triebfahrzeuge und Wagen. Aber kaum waren die ersten neuen Dampflokomotiven in Dienst gestellt worden, begann man 1950 mit der Entwicklung und dem Bau neuer Elektrolokomotiven, deren erste Vorserienloks E 10 001, 002 und 003 im Jahr 1952 fast zeitgleich mit der Baureihe V 80 erschienen, den ersten Dieselloks mit hydraulischer Kraftübertragung. Diese Lokomotiven stehen am Beginn der Ära, die – als Strukturwandel bezeichnet – 1977 zur völligen Ablösung des Dampfbetriebes bei der DB führte.

Aber nicht nur in eisenbahntechnischer Hinsicht waren diese Jahre traurig und interessant zugleich, sondern auch in politischer. Als Franz Eigl seine Lehre gegann, befanden sich noch Millionen deutscher Soldaten in Kriegsgefangenschaft, waren

Auch die Zuglaufschilder „Schwerbeschädigte“ und „Nur für Besatzung“, 1951 – im zweiten Lehrjahr Franz Eigls – in München Hbf aufgenommen, sind typisch für die Nachkriegsjahre.

die letzten deutschen Einwohner aus ihrer östlich von Oder und Neisse gelegenen Heimat vertrieben worden, wurde durch die Entzweiung der Alliierten die Teilung des Deutschland verbliebenen Gebietes in Ost und West vollzogen, die in der Gründung der Bundesrepublik Deutschland und der Deutschen Demokratischen Republik gipfelte. Wie schön, dass die Wiedervereinigung dieser beiden Teilstaaten zu einem Deutschland noch in der Dienstzeit Franz Eigls vollzogen werden konnte. Es ist, als hätte sich damit ein Kreis geschlossen, in dem sich sein Arbeitsleben, die Geschichte Deutschlands nach 1945 und natürlich auch die der Eisenbahn widerspiegelt – eine Zeit, die die Aufnahmen auf diesen Seiten etwas verständlicher machen möchten.

Große Anstrengung unternahm die DB schon bald nach ihrer Gründung, mit Hilfe freundlich gestalteter Werbung die Menschen zum Bahnfahren zu bewegen. Allerdings waren selbst 16-tägige Bahnreisen, z. B. in den Schwarzwald an den Titisee/Schluchsee zu DM 148.– oder nach Garmisch-Partenkirchen, Mittenwald, bzw. nach Grainau zu DM 154.– für viele Menschen absolut unerschwinglich, denn diese Preise entsprachen in der ersten Hälfte der fünfziger Jahre kompletten Monatseinkommen! Aufnahmen: Sammlung GG

Voller Stolz präsentiert die DB bei der Internationalen Verkehrsausstellung (IVA) 1953 in München den staunenden Besuchern moderne Fahrzeuge aller Traktionsarten.
Mit diesen werden für Vertreter der Film-Wochenschau, des Rundfunks, der Presse und sonstigen Besuchern zahlreiche Fahrten in die Umgebung Münchens unternommen, um das Reisen mit den modernen Zügen schmackhaft zu machen.
Der silberne, siebenteilige DB-Tages-Gliederzug VT 10 501 (links) befindet sich hier auf einer Pressefahrt im Bahnhof Huglfing, während die leuchtend rote V 200 001 in Richtung Holzkirchen unterwegs ist. Auch wenn es noch Jahre dauern sollte, bis die neuen Diesel- und Elloks sowie die Triebzüge den in großer Zahl vorhandenen Dampflokomotiven wirklich Konkurrenz machen konnten, vermittelte diese Ausstellung erstmals das Bild der zukünftigen DB. Aufnahmen: Sammlung GG

50 975, mit der Franz Eigl so manche Messfahrt unternahm, besaß am 23. Mai 1960 noch die großen Wagner-Windleitbleche (links). Zu dieser Zeit wird sie im Bw Minden (Westf) unterhalten, um von dort aus an Messfahrten für das benachbarte LVA Minden teilzunehmen. Von den „normalen" Lokomotiven ihrer Baureihe unterscheidet sie sich nicht nur durch die Gegendruckbremse, sondern auch durch die extra für 50 975 mit erhabenem Rand gefertigten Lokschilder. Eineinviertel Jahre später, am 16. August 1961 – drei Tage nach Beginn des Mauerbaus in Berlin – präsentiert sich die Lok nach einem AW-Aufenthalt mit kleinen Witte-Windleitblechen und Neulackierung (oben). Aufnahmen: Joachim Wohlfarth (links) und Gerhard Moll

Sie hat zwar nicht die kühnen, eleganten Formen der alten Bahnsteighallen z.B. des Anhalter Bahnhofs in der Berlin, des Leipziger Hbf oder die im Jugendstil errichtete des Bahnhofs Altona. Aber zu verstecken braucht sich die im nüchtern-sachlichen Stil der Fünfziger geplante und ausgeführte Halle des Münchner Hbf trotzdem nicht. Außerdem ist sie hell und freundlich – und nichts anderes wollte man in den Nachkriegsjahren. Heute hat sich dieses Empfinden gründlich gewandelt, und man freut sich, wenn wertvolle, alte Bausubstanz erhalten bleibt und in Neubauten mit einbezogen wird. 1958 stehen in der Großbaustelle München Hbf 01 051 (rechts) – von 1950 bis März 1965 im Bw Treuchtlingen zu Hause – sowie E 18 08, die bis heute als Museumslok erhalten gebliebene „Lieblingslok“ Franz Eigls (unten).

Aufnahmen: Ernst Winter

Gegensätze! E 10 253, für die Bespannung des mit neuen Wagen ausgestatteten TEE „Rheinpfeil" mit blau-creme-farbenem Anstrich versehen und für 160 km/h hergerichtet, erwartet 1963 in München Hbf den Abfahrauftrag. Zu dieser Zeit gehören zum Alltag dieses großen Bahnknotenpunktes aber auch noch die letzten, modernisierten und mit neuen Kesseln ausgestatteten bayerischen S 3/6. Die Lindauer 18 623 erreicht am 7. Juni 1962 mit dem aus Wagen verschiedener Vorkriegsbauarten gebildeten E 689 den Bahnhof Rötenbach. Interessant ist, dass eines der bayerischen Signale irgendwann seinen originalen Flügel gegen einen „normalen" einbüßen musste. Aufnahmen: Peter Konzelmann, Slg. GG (oben) und Helmut Röth

Mit der ab 1968/69 in Dienst gestellten Baureihe 218 war die DB in der Lage, schwere Reisezüge zu befördern und die letzten Schnellzugdampflokomotiven im Norden Bayerns abzulösen. 218 001 (rechts) wurde im Frühjahr 1968 bei Krupp noch als V 164 001 abgeliefert, erhielt jedoch – im Rahmen der Neunummerierung – bei ihrer Indienststellung am 17. Mai 1968 die Baureihenbezeichnung 218.

Aufnahme 1968: GG

Am gründlichsten änderte sich in München das Bild der Bahn, als die bayerische Landeshauptstadt zum Austragungsort für die Olympischen Sommerspiele 1972 erkoren wurde. Der Bau einer S-Bahn, bis dahin über Jahre hinweg eher ein Paradebeispiel kleinkarrierter Provinzpolitik, musste nun schnellstens in die Gänge kommen …
So erhielt München endlich, und gerade noch rechtzeitig zur Eröffnung der Spiele, seine S-Bahn, betrieben mit neuen Triebzügen der Baureihe 420. Franz Eigl war übrigens während der Olympiade auf den 420 eingeteilt.
Am 10. Februar 1974 befährt 420 071 (links) in München-Pasing Pbf ein Überführungsbauwerk.

Aufnahme: Dr. Walter Abriel

Ab 1970/71 haben die nun in Serie gegangenen Superloks der Baureihe 103 allen bisher in Deutschland gebauten Lokomotiven an Kraft und Schnelligkeit den Rang abgelaufen. 103 137 (unten) verlässt im Oktober 1972 mit dem „Rheinpfeil" München Hbf. Es ist noch die gleiche Wagengarnitur wie die hinter E 10 253 auf der linken Seite oben, die blau-creme Lackierung wurde jedoch inzwischen in rot-creme abgeändert.

Aufnahme: Dieter Kempf

Abschied von Franz Eigl

Am 7. September 2001 meldete sich unser Freund, Kollege und langjährige EK-Autor Franz Eigl von seiner allerletzten Fahrt beim himmlischen Lokdienstleiter zurück. Durch einen Schlaganfall mit schlimmen Folgen war es ihm nicht vergönnt, der im Jahr 2000 erstmalig an ihn gerichteten Einladung zur alljährlichen Feier der jeweils vor 50 Jahren in den Dienst der DB getretenen großen „AW-Freimann Lehrlingsfamilie" teilzunehmen.

Franz Eigl, besser bekannt als „Blasi" oder „Blasius", begann seine berufliche Laufbahn als Lehrling im AW München-Freimann in der bekannten Hierarchie Stift, Oberstift und Lehrbub. Nach der Gesellenprüfung lernte er den Wechselstrom mit 16 2/3 Hertz im Bahnkraftwerk Penzberg kennen. Zum Heizer und Lokomotivführer bildete ihn das Bw München Hbf aus, dem er – abgesehen von einem kurzen Intermezzo bei der S-Bahn in München-Steinhausen – bis zu seiner Pensionierung treu blieb. Sowohl als Heizer als auch als Lokführer war sein Platz zunächst auf bayerischen R 3/3, R 4/4, G 3/4 H, GtL 4/4, preußischen T 18 und Wendezug-P 8 sowie auf Einheitsloks der Baureihen 50, 64 und 86. Seiner Ellok-Ausbildung ging – wie in München üblich – der selbständige Dienst zur Einübung auf den „6000ern" (E 60) voraus. Den Lokführerberuf nicht als Job, sondern als Berufung zu sehen, brachte ihm so manche Sondertätigkeit ein. So war Franz Eigl zum BZA München abgeordnet worden, wo er die mit Riggenbach-Gegendruckbremse ausgerüsteten Bremslokomotiven der Baureihen 18^3 (badische IV h), 45 und 50 führte. So manche Geschichte rankte sich um diese Tätigkeiten, wie z.B. die mit dem Prellbock in Lindau, der der größten und längsten deutschen Dampflokomotive, der Baureihe 45, den Weg zum Schuppen verwehrte und deshalb kraft deren Stärke mehrmals „seinen Standort wechselte" (siehe „Als Lokführer im Meßfahrbetrieb auf der Baureihe 45" im EK-Baureihenbuch „Die Baureihe 45"). Die Intensiverprobung der Baureihe 420 und das gute Gelingen des Olympia-Betriebes 1972 ging auf die Mannschaft zurück, in deren Reihe auch Franz Eigl stand.

Franz Eigl führt mit „seiner" E 18 08 am 7. Mai 1995 IR 2184 von Salzburg Hbf nach München Hbf. Aufnahme: Manfred Traube

Als ich im September 1983 die BSW-Gruppe „E 18 08" zur betriebsfähigen Erhaltung dieser Lok gründete, war es für Franz Eigl selbstverständlich, als einer der ersten der schließlich 27 Mann (22 Werkstättenmitarbeiter und 5 Lokführer) starken Riege beizutreten. So oft es sein Dienst erlaubte, beteiligte sich Franz an den abendlichen Fleißaufgaben der Werkstattmitarbeiter der BSW-Gruppe bei E 18 08, die – besonders in Bezug auf den Lokkasten der Schnellzugellok – einem Neubau gleichkamen. Nach Vollendung des Werkes war er es, der im Wechsel mit dem früh verstorbenen Kollegen Arthur Krautbauer unsere „08" an die entlegensten Punkte des DB-Netzes und der Nachbarbahnen in Österreich und der Schweiz (Luzern) brachte. Als ich aus Gesundheitsgründen in den Ruhestand trat, übernahm Franz Eigl den Gruppenvorsitz und behielt diesen auch bei, als ich die Tätigkeit bei der Gruppe wieder aufgenommen hatte, mich aber auf die Leitung der Technik und den 2. Vorsitz beschränkte. In diese Zeit (1995) fiel die Neulackierung der E 18 nach den „Vorschriften der Reichsbahndirektion Dresden von 1927 zur Farbgebung der Triebfahrzeuge der Deutschen Reichsbahn-Gesellschaft" und eine aufwendige Reparatur, die den Weiterbetrieb der Lokomotive nach ihrem schweren Getriebeschaden ermöglichte.

Überdies brachte sich Franz Eigl in die Betreuung von Eisenbahnern in Alten- und Pflegeheimen ein, indem er diese u.a. im Umgang mit Krankenkassen und Behörden unterstützte. Franz Eigl war allseits als hilfsbereiter Freund geschätzt.

Anfang der neunziger Jahre begann auch unser Engagement im von der DB stillgelegten Bw Garmisch-Partenkirchen, wo die im Besitz von Frau Erhard befindliche historische Ellok E 16 09 mit Buchli-Antrieb sowie die auch von uns zu betreuende, schwere alte Stangenellok E 91 99 neben den berühmten Lokalbahn-Elloks E 69 02 und E 69 03 untergestellt waren. Im Laufe der Jahre gelang es uns – unter Mitwirkung der BSW-Gruppe E 63 05 – aus dem ehemaligen Bw Garmisch ein gerne besuchtes Eisenbahnmuseum zu gestalten, in dem noch weitere Fahrzeuge – u. a. E 63 05 und E 63 08 – dem interessierten Publikum präsentiert werden konnten. So oft wie nur möglich traf man dort Franz Eigl an, restaurierend, renovierend oder das Publikum führend.

Ein unerquickliches Gespräch zwischen uns und der Leitung des Verkehrsmuseums Nürnberg über die Zukunft „unseres" Eisenbahnmuseums im Dezember 1999 veranlasste uns beide zu vielen nachdenklichen Gesprächen. Man plante doch, unser Museum aufzulösen, die Gebäude abzureißen und – durch Anregung der Stadt Garmisch-Partenkirchen – auf dem Gelände einen Müllwagenabstellplatz anzulegen!

Gemeinsam mit unseren Freunden der BSW-Gruppe Halle (S) folgten wir beide daraufhin einer Einladung der Firma Brawa anlässlich der Überreichung eines Schecks zur Aufarbeitung der historischen E 95 02, wobei wir noch schöne Stunden erlebten. Doch schon auf der Heimfahrt beschäftigten uns bereits wieder die neuen, in Nürnberg gezeichneten Zukunftsmodelle hinsichtlich unseres Museums, die vor allem den Fortbestand der von uns verehrten E 16 09 stark gefährdeten.

Noch in derselben Woche – wenige Tage vor Weihnachten – stand ich dann am Krankenbett meines besten Freundes, den ein schwerer Schlaganfall an den Rand des Todes brachte. Nach zwischenzeitlicher leichter Besserung seines Gesundheitszustandes durch die Hoffnung, seine geliebten Elloks noch einmal wiedersehen zu können, ließen Rückschläge und plötzliche Verschlechterung unseren guten Freund und Kollegen nach eineinhalbjährigem Leiden schließlich seine letzte Fahrt antreten. **Werner Streil**